Der Grenzkataster

Grundlagen, Verfahren und Anwendungen

von

Dipl.-Ing. Günther Abart

Hofrat im Bundesamt für Eich- und Vermessungswesen
Leiter des Vermessungsamtes Graz
Lehrbeauftragter für Kataster und Liegenschaftsrecht
an der Technischen Universität Graz

Dipl.-Ing. Julius Ernst

Hofrat im Bundesamt für Eich- und Vermessungswesen
Fachkoordinator Kataster-Grundlagen
Lehrbeauftragter für Katasterwesen und Landadministration
an der Technischen Universität Wien
sowie der Universität für Bodenkultur

Dipl.-Ing. Dr. iur. Christoph Twaroch

Univ.-Doz. und Lehrbeauftragter für Kataster, Liegenschaftsrecht
und Rechtsgrundlagen der Geoinformation
an der Technischen Universität Wien
sowie der Universität für Bodenkultur

nw neuer wissenschaftlicher Verlag

Wien · Graz 2011

Bibliografische Information Der Deutschen Nationalbibliothek

Die Deutsche Nationalbibliothek verzeichnet diese Publikation in der deutschen Nationalbibliografie; detaillierte bibliografische Daten sind im Internet über http://dnb.d-nb.de abrufbar.

Die Drucklegung wurde durch großzügige Unterstützung der folgenden Institutionen ermöglicht: Kammer der ZiviltechnikerInnen für Steiermark und Kärnten sowie Technische Universität Graz.

ISBN 978-3-7083-0770-1
Neuer Wissenschaftlicher Verlag GmbH Nfg KG
Argentinierstraße 42/6, 1040 Wien, Österreich
Tel.: +43 1 535 61 03-24, Fax: +43 1 535 61 03-25
E-Mail: office@nwv.at

Geidorfgürtel 20, A-8010 Graz
E-Mail: office@nwv.at

www.nwv.at

Druck: Széchenyi István Nyomda Kft., Győr (HU)

Vorwort

Eine wichtige Aufgabe des modernen Staates ist die Verwaltung von Grund und Boden durch die Erhebung und Bereitstellung aktueller Bodendaten und die Mitwirkung an der Sicherung des Grundeigentums. Kataster und Grundbuch schaffen gemeinsam Rechtssicherheit hinsichtlich des Liegenschaftseigentums und der Grundstücksgrenzen.

Der Kataster ist die öffentlich zugängliche flächendeckende Beschreibung aller Grundstücke. Er wird von den Vermessungsämtern geführt und dient gemeinsam mit dem Grundbuch der Eigentumssicherung von Grund und Boden. Als Grenzkataster ist er der verbindliche Nachweis der Grundstücksgrenzen.

Ziel des Buches ist es, den Grenzkataster und die ihn betreffenden Fragen möglichst komprimiert und übersichtlich darzustellen, um den Studenten des Vermessungswesens, der Kulturtechnik, der Geoinformation und verwandter Studienrichtungen eine Ausbildungsunterlage zur Verfügung zu stellen. Auch für Kammern, Behörden und Berufsschulen wird das Buch ein wichtiger Ausbildungsbehelf sein. Es wendet sich darüber hinaus an alle, die mit Grund und Boden zu tun haben: Grundeigentümern, Immobilienberufen, Vermessungsingenieuren, Liegenschaftsverwaltungen und mit Immobilienfragen befassten Rechtsberufen liefert es wertvolle Informationen für ihre Berufsausübung.

Das Buch vermittelt in gedrängter Form alle Kenntnisse, die für das Verständnis und einen allgemeinen Überblick über Zweck, Entstehung, Bestandteile und Führung des österreichischen Katasters und die Beziehungen zwischen Grundbuch und Kataster notwendig sind.

Aufbauend auf den geschichtlichen und vermessungstechnischen Grundlagen werden der Aufbau und die Bestandteile des Katasters sowie die Verfahren verständlich und benutzerfreundlich beschrieben, sodass die Leser/innen die Katastralmappe, das Grundstücksverzeichnis und die technischen Unterlagen „lesen“ und verstehen können. Die systematische Darstellung wird durch einen kurzen historischen und internationalen Überblick ergänzt.

Zahlreiche meist färbige Abbildungen veranschaulichen die behandelten Themen, ein umfangreiches Stichwörterverzeichnis ermöglicht das zielgerichtete Nachschlagen.

Ohne vielfältige Unterstützung wäre die Entstehung und Fertigstellung des Buches nicht gelungen. Dazu gehören zunächst die zahlreichen Anregungen im Rahmen der beruflichen Tätigkeit sowie der Lehrtätigkeit auf den unterschiedlichsten Ausbildungsschienen. Es ist nicht möglich, alle namentlich zu erwähnen, die damit direkt oder indirekt einen Beitrag zum Buch geleistet haben.

Wir möchten uns aber bei all diesen „Unterstützern" vielmals bedanken, besonders bei jenen Institutionen, die durch einen finanziellen Beitrag die Farbabbildungen ermöglicht haben: die Technischen Universitäten in Graz und Wien, die Universität für Bodenkultur in Wien, die Kammer der ZiviltechnikerInnen für Steiermark und Kärnten und die Österreichischen Gesellschaft für Vermessung und Geoinformation. Viele haben Bildmaterial zur Verfügung gestellt, das Bundesamt für Eich- und Vermessungswesen sowie das Steiermärkische Landesarchiv seien namentlich erwähnt.

Ein abschließender Hinweis zur Verwendung des Buches: Die Auszüge aus Grundbuch und Grenzkataster sind (teilweise) fiktiv und entsprechen nicht dem aktuellen Inhalt der Grundstücksdatenbank. Da auch in diesem Fachbereich vieles im Fluss ist und immer wieder gesetzliche und technische Änderungen vorgenommen werden, sind die Autoren für weiterführende Anregungen und Hinweise dankbar.

Wien, im Juli 2011

Günther Abart
Julius Ernst
Christoph Twaroch

Inhaltsverzeichnis

Bildnachweis

Archivio di Stato di Milano: Abb 3.3

Austria Picta, Österreich auf alten Karten: Abb 2.15, 2.16

Bundesamt für Eich- und Vermessungswesen (BEV – 2011, Zl T2011/75533): Abb 1.3, 2.2, 2.3, 2.5, 2.9 bis 2.14, 2.18, 2.20 bis 2.22, 2.24 bis 2.31, 3.10, 3.13 bis 3.15, 3.17 bis 3.20, 3.22, 3.23, 4.1 bis 4.4, 6.3 bis 6.7, 6.11, 6.12, 8.2 bis 8.9, 9.2 bis 9.4, 9.6 bis 9.8, 10.4, 11.4, 11.5

BEV, 150 Jahre Grundsteuerkataster: Abb 3.6, 3.9

BEV, Die amtliche Kartographie Österreichs: Abb 2.17, 2.19, 2.23

Bigalke Schmiedekunst: Abb 3.2

Grundstücksdatenbank (GDB): Abb 2.6, 5.3 bis 5.5, 6.1, 6.2, 6.8 bis 6.10, 6.13, 11.2, 11.3

Lego, Geschichte des Grundkatasters: Abb 3.5, 3.7

Seper P: Abb 3.24

Sorger A: Abb 3.1

Stania K: Abb 7.3 bis 7.6, 9.5, 10.1, 10.3

Stmk Landesarchiv (R99 GZ: 20-1/2005-2212): Abb 3.11, 3.12, 3.16, 9.1

Twaroch ua, Potentiale der Landadministration, in: 16. Int Geodätische Woche Obergurgl: Abb 1.5

Williamson/Enemark, Sustainability and Land Administration Sytems: Abb 1.4, 1.6

www.adv-online.de: Abb 2.1

www.ama.at: Abb 11.8

www.artalis.de: Abb 2.4

www.breitwieser.cc: Abb 3.4

www.eurogeographics.com: Abb 1.7

www.gis.bgld.gv.at: Abb 11.6

www.markowski.at: Abb 7.1

www.noe.gv.at: Abb 4.5

www.wien.gv.at: Abb 11.7

Zubler, Novum instrumentum geometricum, Basel 1625, Nachdruck Dortmund 1978: Abb 3.8

Abkürzungsverzeichnis

Abb	Abbildung
ABB	Agrarbezirksbehörde
Abg	Anmeldungsbogen
ABGB	Allgemeines bürgerliches Gesetzbuch JGS 946/1811 idF BGBl I 58/2010
Abs	Absatz
Abt	Abteilung
AG	Aktiengesellschaft
ANA	Allgemeine Neuanlegung
Anm	Anmerkung
AO	Agrarische Operation
APOS	Austrian Positioning Service
Art	Artikel
Aufl	Auflage
AVerm	Amtsblatt für das Vermessungswesen
AVG	Allgemeines Verwaltungsverfahrensgesetz 1991, BGBl 51/1991 idF BGBl I 111/2010
BA	Benützungsart
BauO	Bauordnungen der einzelnen Bundesländer
BEV	Bundesamt für Eich- und Vermessungswesen
Bfl	Baufläche
BG	Bezirksgericht
BGBl	Bundesgesetzblatt (ab 1997: Teil, Nummer/Jahr)
Bgld	Burgenland/Burgenländisch
BKA	Bundeskanzleramt
BlgNR	Beilage(n) zu den Stenographischen Protokollen des Nationalrates
BM	Bundesminister(ium)
BMF	Bundesministerium für Finanzen
BMI	Bundesministerium für Inneres
BMJ	Bundesministerium für Justiz
BMLFUW	Bundesministerium für Land- und Forstwirtschaft, Umwelt und Wasserwirtschaft
BMwA	Bundesministerium für wirtschaftliche Angelegenheiten
BMWFJ	Bundesministerium für Wirtschaft, Familie und Jugend
bsp	beispielsweise
BStG	Bundesstraßengesetz
B-VG	Bundes-Verfassungsgesetz idF von 1929 BGBl 1/1930 idF BGBl I 98/2010
bzw	beziehungsweise
ca	cirka
cm	Zentimeter
DGPS	differentielles GPS

dh	das heißt
DIN	Deutsche Industrienorm
DKM	Digitale Katastralmappe
DLM	Digitales Landschaftsmodell
ds	das sind
DV	Dienstvorschrift
EB	Erläuternde Bemerkungen
ECE	United Nations Economic Commission for Europe
EDV	Elektronische Datenverarbeitung
EG	Europäische Gemeinschaft
EGV	Vertrag zur Gründung der Europäischen Gemeinschaft
EK	Europäische Kommission
EMRK	Europäische Menschenrechtskonvention
EMZ	Ertragsmesszahl
EP	Einschaltpunkt
Erl	Erlass
etc	et cetera
ETRS89	European Terrestrial Reference System 1989
EU	Europäische Union
EuGH	Europäischer Gerichtshof
EULIS	European land information service
ev	eventuell
EZ	Einlagezahl (einer Liegenschaft im Grundbuch)
ff	fortfolgend
FlVGG	Flurverfassungs-Grundsatzgesetz BGBl 103/1951 idF BGBl I 87/2005
ForstG	Forstgesetz
FP	Festpunkt
FS	Festschrift
G	Gesetz
GBG	Allgemeines Grundbuchsgesetz 1955 BGBl 39/1955 idF BGBl I 58/2010
GDB	Grundstücksdatenbank
gem	gemäß
GeoDIG	Geodateninfrastrukturgesetz BGBl I 14/2010
GIS	geographisches Informationssystem
GK	Grenzkataster
GNSS	Globales Navigationssatellitensystem
GP	Grenzpunkt
GPS	Global Positioning System
GrEStG	Grunderwerbssteuergesetz BGBl 309/1987 idF BGBl I 111/2010
GSM	Global System for Mobile Communications
Gst	Grundstück
GSTVZ	Grundstücksverzeichnis
GUG	Grundbuchsumstellungsgesetz BGBl 550/1980 idF BGBl I 52/2009

GV	Grundbuchsvorschrift
GWR	Gebäude- und Wohnungsregister
GZ	Geschäftszahl
H	Heft
hrsg	herausgegeben
idF	in der Fassung
idR	in der Regel
IKV	Ingenieurkonsulent für Vermessungswesen
insb	insbesondere
INSPIRE	Infrastructure for Spatial Information in the European Community (Geodateninfrastruktur in der Europäischen Gemeinschaft)
iS	im Sinne
iSd	im Sinne des
iVm	in Verbindung mit
IWG	Informationsweiterverwendungsgesetz BGBl I 135/2005
Jhdt	Jahrhundert
K	Kundmachung
KDB	Koordinatendatenbank
KELAG	Ktn Elektrizitäts AG
KFZ	Kraftfahrzeug
KG	Katastralgemeinde
KM	Katographisches Modell
km	Kilometer
Ktn	Kärnten/Kärntner
KVZ	Koordinatenverzeichnis
legcit	legis citatae (des zitierten Gesetzes)
LG	Landesgesetz
LGBl	Landesgesetzblatt
LiegTeilG	Liegenschaftsteilungsgesetz BGBl 3/1930 idF BGBl I 100/2008
lit	litera (Buchstabe)
LReg	Landesregierung
m	Meter
MGI	Militärgeographisches Institut
mm	Millimeter
mPLG	mittlere Punktlagegenauigkeit
Nö	Niederösterreich/Niederösterreichisch
NR	Nationalrat
Nr/NR	Nummer
ÖAW	Österr Akademie der Wissenschaften
OGH	Oberster Gerichtshof
ÖK	Österreichische Karte
OLG	Oberlandesgericht
Oö	Oberösterreich/Oberösterreichisch

ÖROK	Österreichische Raumordnungskonferenz
österr	österreichisch/es
ÖZVerm	Österr Zeitschrift für Vermessungswesen
PCC	Permanent Committee on Cadastre in the EU
PP	Polygonpunkt
RGBl	Reichsgesetzblatt
RL	Richtlinie
RMS	Root Mean Square
RTK	Real-Time Kinematic
RV	Regierungsvorlage
Rz	Randziffer
s	siehe
Sbg	Salzburg/Salzburger
Slg	Sammlung
sog	sogenannt
StGB	Strafgesetzbuch BGBl Nr 60/1974 idF BGBl I 111/2010
StGBl	Staatsgesetzblatt
Stmk	Steiermark/Steiermärkisch
StraßenG	Landesstraßengesetze
StVO	Straßenverkehrsordnung BGBl Nr 159/1960 idF BGBl I 34/2011
Tir	Tirol/Tiroler
TNA	Teilweise Neuanlegung
TP	Triangulierungspunkt
ua	und anderes; unter anderem
UHG	Urkundenhinterlegungsgesetz
UNECE	United Nations Economic Commission for Europe
UrhG	Urheberrechtsgesetz BGBl 111/1936 idF BGBl I 58/2010
usw	und so weiter
UTM	Universal Transversal Mercator (Universale Transversale Mercatorprojektion)
uU	unter Umständen
uzw	und zwar
V	Verordnung
V	Vordruck
VA / VÄ	Vermessungsamt / Vermessungsämter
VermG	Vermessungsgesetz BGBl Nr 306/1968 idF BGBl I 100/2008
VermV	Vermessungsverordnung
v Chr	vor Christus
VfGH	Verfassungsgerichtshof
VfSlg	Sammlung der Erkenntnisse und Beschlüsse des Verfassungsgerichtshofes

VGI	Österr Zeitschrift für Vermessung und Geoinformation
vgl	vergleiche
Vhw/VWH	Veränderungshinweis
Vlbg	Vorarlberg/Vorarlberger
VwGH	Verwaltungsgerichtshof
VwSlg	Sammlung der Erkenntnisse und Beschlüsse des Verwaltungsgerichtshofes
WGS84	World Geodetic System 1984
WPLA	Working Party on Land Administration
Wr	Wien/Wiener
WRG	Wasserrechtsgesetz BGBl 215/1959 idF BGBl I 14/2011
WTO	World Trade Organization (Welthandelsorganisation)
Z	Zahl / Ziffer
zB	zum Beispiel
ZMR	Zentrales Melderegister
ZT	Ziviltechniker
ZTG	Ziviltechnikergesetz 1993 BGBl 156/1994 idF BGBl I 58/2010
ZTKG	Ziviltechnikerkammergesetz 1993 BGBl 157/1994 idF BGBl I 136/2009

I Einleitung

A Der Begriff „Kataster"

Der Kataster bzw Grundstücks- oder Liegenschaftskataster ist die flächendeckende Dokumentation sämtlicher Grundstücke eines Landes. In einem beschreibenden Teil (Grundstücksverzeichnis) und in Karten (Katastralmappe) werden die geometrische Lage, die Art der Nutzung und die Größe beschrieben.

Hinweis

Der 1968 mit dem Vermessungsgesetz (VermG) neu eingeführte Kataster trägt die Bezeichnung „**Grenzkataster**", um einerseits eine Verwechslung mit dem Grundsteuerkataster auszuschließen und andererseits die Verbindlichkeit der Angaben über die Grenzen zum Ausdruck zu bringen.

Für den **Grundsteuerkataster** wurden früher auch andere Bezeichnungen verwendet: „**Stabiler Kataster**" von 1817 bis 1868, „**Reambulierter Kataster**" (vereinzelt auch „Revidierter Kataster") von 1868 bis 1883 und „**Grundkataster**" von 1883 bis 1968.

Der Kataster hatte ursprünglich als Grundsteuerkataster öffentlich-rechtliche Aufgaben, dient aber nun in Form des Grenzkatasters auch dem privatrechtlichen Eigentumsschutz.

Die Verwendung der Begriffe „Grundsteuerkataster" und „Grenzkataster" nebeneinander darf nicht so missverstanden werden, als ob es zwei Kataster gäbe. Es gibt einen einheitlichen Kataster, der mit der zusätzlichen Qualifikation der rechtlich gesicherten Grenze als „Grenzkataster" bezeichnet wird.

Im weiteren Text wird unter „Kataster" der Grenzkataster bzw der im Wesentlichen nach den gleichen Bestimmungen zu führende Grundsteuerkataster verstanden.

Das Wort „**Kataster**" wird allgemein für systematische Verzeichnisse gleichartiger Gegenstände oder auch Rechte verwendet, zB Altlastenkataster, Baumkataster, Berghöfekataster, Gewerbekataster, Jagdkataster, Leitungskataster, Weinbaukataster ua. Wie beim (Liegenschafts-) Kataster gibt es meist einen grafischen Teil (Plan) und ein Verzeichnis (Register) – letzteres wird heute meist als Datenbank oder geographisches Informationssystem (GIS) geführt.

Etymologie

Die Herkunft des Wortes „Kataster" ist unsicher. Im Mittellateinischen gibt es das Rechtswort: *„Catastrum, catastum: Codex in quo recensentur bona, possessiones, possessorum nomina, census, impositiones, etc".* Es wird auf das griechische Wort κατάστιχον (katástichon) mit der Bedeutung „Liste, Register, Geschäftsbuch" zurückgeführt. Das lateinische Wort *capitastrum* bedeutet „Kopfsteuerverzeichnis".

Über das französische *cadastre* wandert der Begriff ins Deutsche und ist hier seit dem 17. Jhdt belegt.

Hinweis
In Deutschland sagt man „das Kataster".

B Landadministration

Cadastral and real property information
is an integral part of spatial data infrastructures
EuroGeografics, Cadastre and Land Registration in Europe 2012

Land ist neben Arbeit und Kapital ein klassischer **Produktionsfaktor** der Volkswirtschaft und ein wesentlicher Beitrag zur wirtschaftlichen Entwicklung und zum Wohlstand unserer Gesellschaft. Land ist Lebensraum für Menschen, Fauna und Flora, Lagerstätte von Rohstoffen und Standort für Infrastruktur. Boden ist der einzige nicht oder fast nicht vermehrbare Produktionsfaktor. Das bedeutet, dass Boden im Verhältnis zu den anderen Produktionsfaktoren wie Kapital und Arbeit immer knapper wird und daher in der Tendenz gegenüber den anderen Gütern und Dienstleistungen im Wert steigt.

Aus der „Multi-Funktionalität" von Land ergeben sich zahlreiche Interessensansprüche und Konflikte, welche durch folgende Entwicklungstendenzen und Rahmenbedingungen noch erheblich verstärkt werden:

- Zunahme der Bevölkerung im städtischen Bereich und erhöhter Flächenbedarf
- abnehmende Verfügbarkeit von natürlichen Ressourcen (Boden, Wasser, Rohstoffe)
- Verwüstung von Land aufgrund nicht nachhaltiger Bodenbewirtschaftung
- Zerstörung der Biodiversität
- steigende Anfälligkeit für Katastrophen

- Auswirkung von Marktkräften auf traditionelle Bewirtschaftung

Politik, Verwaltung und Wissenschaft haben diese Entwicklungstendenzen zu beachten und müssen sich den neuen Herausforderungen in der Beziehung zwischen Land und Leuten stellen. Nur eine nachhaltige Bewirtschaftung von Grund und Boden und eine funktionierende Landadministration ermöglichen auch in Zukunft eine Absicherung der menschlichen Grundbedürfnisse (Essen, Wohnen, Kleidung, sozialer Friede).

Effektives **Management von Land** und von landbezogenen Ressourcen ist Voraussetzung einer nachhaltigen Entwicklung. Ohne klare Grundlagen wie sicheres Eigentum oder gesicherter Zugang zu Grund und Boden inklusive Nutzung von dazugehörigen Ressourcen gibt es keine ökonomisch, ökologisch und soziokulturell ausgeglichene Entwicklung. Behörden und Private benötigen für relevante und gute Entscheidungen stichhaltige Informationen über den Boden und den Lebensraum.

Management von Grund und Boden umfasst drei Tätigkeitsbereiche:

- Landbewirtschaftung: derzeitige Nutzung
- Landadministration: die Verwaltung der derzeitigen Nutzung
- Landgestaltung: die Erstellung eines Leitbildes für die zukünftige Nutzung

Unter dem Begriff **Landadministration** wird der Prozess der Erfassung, Speicherung und Verbreitung von Information über Besitz (Eigentum), Wert und Nutzung von Land durch öffentliche Stellen im Zuge bodenpolitischer Maßnahmen verstanden.

Landadministration umfasst also jene Regeln und Maßnahmen, welche die Rechte am Boden sowie die Nutzung und Bewertung des Bodens erfassen, verwalten und der Öffentlichkeit zugänglich machen.

1 Die Bedeutung von Kataster und Grundbuch als Register von Bodendaten

Kataster und Grundbuch sind die beiden wesentlichen Bestandteile der Landadministration, liefern liegenschaftsbezogene Entscheidungshilfen und dienen damit der öffentlichen Verwaltung, privaten Institutionen und auch dem einzelnen Bürger. Der Kataster bildet gemeinsam mit dem Grundbuch das **Eigentumssicherungssystem** an Grund und Boden.

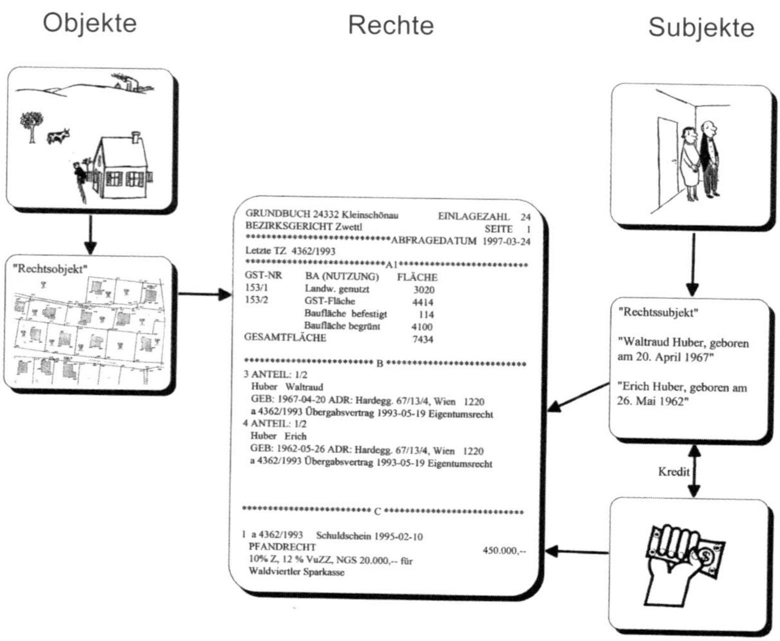

Abb 1.1: Zusammenhang von Subjekten, Objekten und Rechten

a Zusammenwirken von Kataster und Grundbuch

aa Kataster

Der Kataster ist ein systematisch angelegtes öffentliches Inventar aller **Grundstücke** innerhalb eines Landes, das auf der Vermessung von deren Grenzen basiert. Diese Grundstücke werden mit Hilfe bestimmter eindeutiger Bezeichnungen (Identifikatoren) gekennzeichnet.

Der **Grenzverlauf** der Grundstücke und deren Identifikatoren werden auf Karten in großem Maßstab dargestellt. Die Karten geben zusammen mit den Verzeichnissen für jedes einzelne Grundstück dessen Beschaffenheit, Größe und Wert an.

Der Kataster beantwortet die Fragen „Wo?“ und „Wieviel?“

ab Grundbuch

Abb 1.2: Historisches Grundbuch

Als Landregistrierung bezeichnet man den Vorgang der amtlichen Aufzeichnung von Rechten an Land. Diese Rechte werden durch Urkunden beschrieben und durch die Eintragung in das Register (Grundbuch) wirksam.

Das Grundbuch beantwortet die Fragen „Wer?“ und „Wie?“

Grundbuch und Kataster ergänzen sich und sind ein interaktives System. Die Landregistrierung setzt den Schwerpunkt auf das Verhältnis Subjekt-Recht, während der Kataster den Schwerpunkt auf das Verhältnis Objekt-Recht legt.

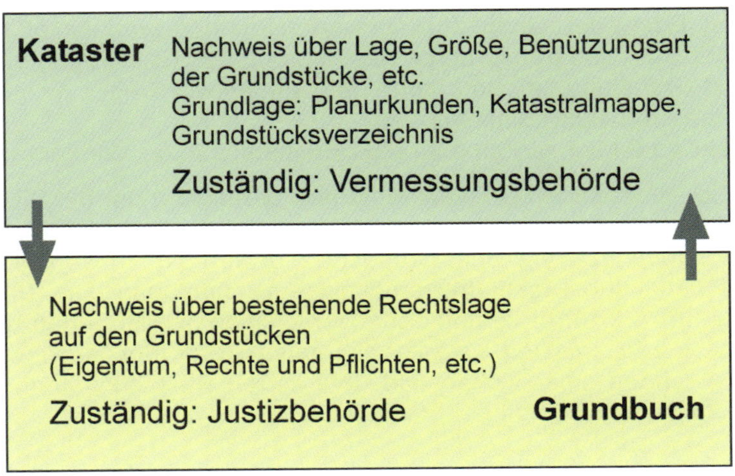

Abb 1.3: Zusammenwirken von Grundbuch und Kataster

b Landinformation

Ein **Landregister** stellt ein grundstücksbezogenes, aktuell gehaltenes Informationssystem dar und liefert den Nachweis über Ansprüche an Grund und Boden wie

- geometrische Beschreibung der Grundstücke
- Dokumentation von Rechten, Beschränkungen und Verpflichtungen
- Daten für Steuer- und Planungszwecke

und steht für Interessenten wie Eigentümern, staatlichen Einrichtungen und der Wirtschaft zur Verfügung.

Ein funktionsfähiges und effizientes **Landinformationssystem**

- schafft Klarheit über Eigentumsverhältnisse
- sichert das Grundeigentum
- basiert auf anerkannten Verträgen
- zwingt Regierung und Verwaltung zur Beachtung der anerkannten Regeln
- gewährleistet Grenzsicherheit
- macht den Grundstücksmarkt transparent, operativ und verbessert die Voraussetzungen für Investitionen
- sichert die Kreditvergabe
- ist eine der Voraussetzungen für eine nachhaltige Entwicklung
- liefert die Daten über die Bodennutzung und damit die Ausgangsdaten für Raumordnung und Raumplanung
- ist Basis der Grundstücksbewertung und gewährleistet die gerechte und transparente Besteuerung des Grundeigentums
- ist Grundlage für Landreform und Landentwicklung
- ermöglicht Umweltmonitoring
- stellt die Informationen für die Bodenstatistik zur Verfügung

Geoinformationstechnologie ist das Werkzeug, um die Situation von Grund und Boden zu dokumentieren, um Landeigentum, Bodennutzung und Grundstücksbewertung zu verwalten und Land und Eigentumsverhältnisse zu managen. Die **Geodateninfrastruktur** basiert auf zuverlässigen, strukturierten und einfach zugänglichen Katasterinformationen als der landesweit vorliegenden einheitlichen und detaillierten Bestandsaufnahme der kleinsten Raumeinheit „Grundstück“.

C Internationale Aspekte der Landadministration

Einige Ziele, die heute im **Landmanagement** verfolgt werden müssen, sind kritisch und manchmal gegensätzlich:

- Verbesserung der Nutzung der Landressourcen, um eine stark anwachsende Bevölkerung zu versorgen
- Schaffung von Entwicklungsanreizen, einschließlich der Bereitstellung von Bauland und Basisinfrastruktur wie Wasserversorgung und Abwasserentsorgung
- Schutz der Umwelt und Verhinderung von Bodenerosion
- Unterstützung der Behörden durch Einhebung von Steuern und Abgaben auf Land und seine wertsteigernden Einrichtungen
- formelle Sicherheit von Rechten an Land durch öffentliche Anerkennung und Eintragung

Quelle: Internationale Vereinigung der Vermessungsingenieure (FIG)

Der letztgenannte Aspekt wird heute als eine der wichtigsten Komponenten der freien Marktwirtschaft betrachtet und stellt einen wichtigen Schritt zu einem verbesserten Lebensstandard dar.

Landadministration benötigt zuverlässige Daten über Grund und Boden, über dessen Ressourcen sowie die rechtliche Situation. Zentrale Bestandteile von Landmanagementsystemen sind der Kataster als aktuelles grundstücksbezogenes System mit geometrischer Darstellung der Grundstücke, das Grundbuch mit den eigentumsrechtlichen Daten und die Verbindung der beiden Elemente.

1 Das mitteleuropäische System im Vergleich

Wesentliche Merkmale des mitteleuropäischen Systems sind:

- Realfoliensystem
- Hauptbuchsystem (im Gegensatz zur reinen Urkundensammlung)
- Verknüpfung von Hauptbuch und Kataster
- amtswegige Grundbuchsanlegung
- Eintragungs- und Vertrauensgrundsatz

Rechtsgeschäftliche Verfügungen über Grundstücke und Grundstücksrechte werden erst mit der Grundbuchseintragung wirksam, so dass sich jeder Gutgläubige auf den Inhalt des Grundbuchs verlassen kann (⇨ Grundbuch).

Dieses System ist in Deutschland, Österreich, der Schweiz und in jenen Staaten verbreitet, die Teil der österreichisch-ungarischen Monarchie waren.

Von allen Systemen gewährleisten die in Mitteleuropa ausgebildeten Grundbücher in Verbindung mit dem Kataster dem Eigentümer und dem Gläubiger die größte Sicherheit. Für diese Sicherheit muss ein großer Aufwand getätigt werden. Dazu gehören:

- Vorkehrungen gegen unrichtige Urkunden (Beurkundung)
- das Prüfungsverfahren der Grundbuchsgerichte
- exakte Vorschriften für die Führung der Grundbücher

a Katastersysteme

In den europäischen Ländern gibt es unterschiedliche Systeme zur Sicherung und Verbücherung von Eigentumsrechten und verschiedene Katasterformen, die von den jeweiligen Normen und Werten der Gesellschaft geprägt sind und sich im Laufe der Jahrzehnte eigenständig entwickelt haben.

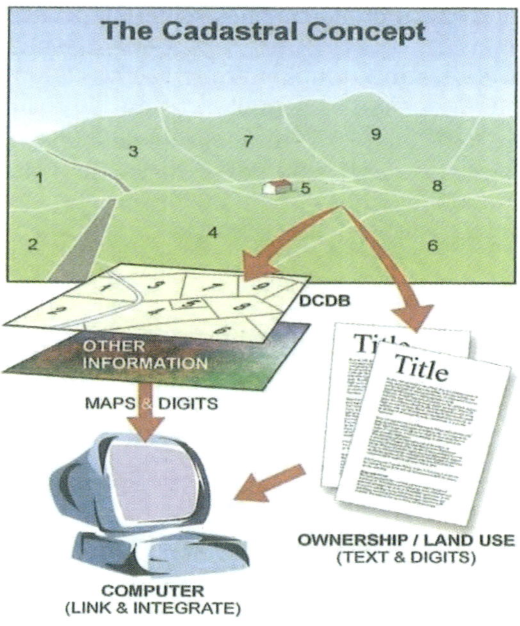

Abb 1.4: Konzept eines Katasters

Die Europäische Union respektiert diese Unterschiede: Eigentumssicherung und Kataster sind Sache der Mitgliedsstaaten und aus dem EU-Vertrag ausgenommen.

Artikel 345 EU-Vertrag
Die Verträge lassen die Eigentumsordnung in den verschiedenen Mitgliedstaaten unberührt.

Katastersysteme lassen sich nach verschiedenen Gesichtspunkten ordnen:

- nach dem Zweck
- nach der Form
- nach dem Inhalt

aa Einteilung nach dem Zweck

Nach der Zweckbestimmung lassen sich unterscheiden:

- der **Steuerkataster** (Bewertung von Grundstücken für die Besteuerung)
- der **Rechtskataster** (Eigentumsschaffung und -übertragung, Grenzsicherung)
- der **Mehrzweckkataster** (Planungszwecke, Verwaltung,...)

Ein Steuerkataster ist grundsätzlich eher einfacher aufgebaut als ein Rechtskataster; zB kann die Genauigkeit und die Aktualität der Katastralmappe als Basis für die Bewertung der Grundstücke zur Besteuerung geringer sein als beim Rechtskataster, der als Grundlage für den Grundverkehr herangezogen wird.

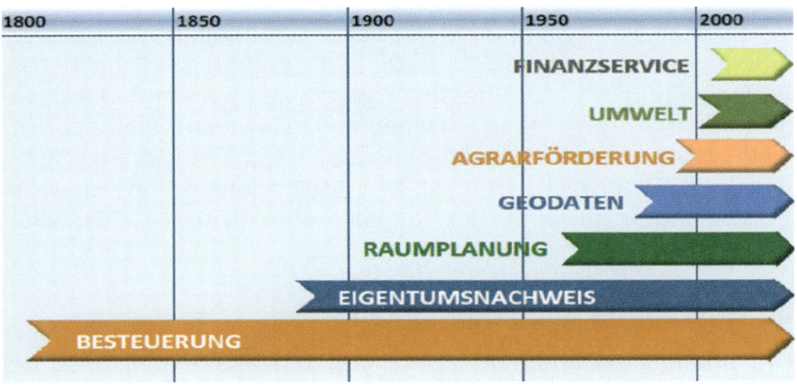

Abb 1.5: Ausweitung der Aufgaben des Katasters

Das Bevölkerungswachstum und das damit verbundene Wachsen der Städte stellten besonders nach dem 2. Weltkrieg große Anforderungen an die **Raumplanung**. Für die Planung der Infrastruktur und die Regulierung der Nutzung von Grund und Boden waren die Daten des Katasters wegen ihrer Vollständigkeit und wegen des Maßstabes ein sehr wertvolles Werkzeug. Damit wurde der Kataster neben der steuerlichen und der eigentumsrechtlichen Komponente auch für die Raumplanung wichtig.

Die steigende Bedeutung umweltrelevanter Fragestellungen und die Anforderungen an eine nachhaltige Entwicklung verlangen umfassende Informationen über Grund und Boden.

Die Entwicklung von GIS und satellitengestützte Methoden der Überwachung unserer Erde stellen neue Anforderungen an das Landmanagement und damit auch an den Kataster. Die Möglichkeiten der Automatisierung und die vielfältigen Informationen des Katasters über den Eigentümer, die Landnutzung, die Bewertung oder andere Inhalte (Raumplanung, Gebäude, etc) haben die Anzahl der Anwendungen erhöht (Mehrzweckkataster).

ab Einteilung nach der Form

Hinsichtlich der Form eines Katasters lassen sich unterscheiden:

- ein einheitliches System für das gesamte Land
- getrennte Register für privates Grundeigentum und Eigentum des Staates
- getrennte Register für ländliches und städtisches Gebiet

Darüber hinaus gibt es meist historisch bedingt auch organisatorische Unterschiede. In manchen Ländern sind die Katasterverwaltung und die Grundbuchsverwaltung in einer Organisation integriert (zB Ungarn, Tschechien, Slowakei), was die Verwaltung der Daten generell einfacher macht. In anderen Ländern (zB Österreich, Deutschland, Bulgarien, Polen) sind die Verwaltungen getrennt, die Register aber in unterschiedlicher Form miteinander verbunden.

ac Einteilung nach dem Inhalt

Die unterschiedlichen Ausprägungen und Ziele des Katasters führen auch zu unterschiedlichen Informationsinhalten, Verfahren und Prozessen zur Schaffung und Übertragung von Landrechten.

Neben den unterschiedlichen Datensegmenten betrifft dies besonders die Frage, ob der Kataster mit oder ohne Vermessung der Grundstücksgrenzen und grafischer Darstellung der Grundstücke in Form der Katastralmappe geführt wird.

ad Entwicklung des Katasters in Europa

In Europa sind im Kataster verschiedene Entwicklungsstufen erkennbar, die vom Instrument der Steuerbemessung zu einem modernen Mehrzweckkataster führten, der einen wesentlichen Bestandteil der nationalen Geodateninfrastruktur bildet:

Der Kataster

- als Mittel zur Steuereinhebung
- zum Zweck des Grundverkehrs
- als Planungsgrundlage und
- als umfassendes Werkzeug für das Landmanagement

Der (Steuer)kataster wurde am stärksten vom französischen Kataster Napoleons beeinflusst. Durch die dominante Rolle Frankreichs wurde dieses Modell Vorbild für die Entwicklung in anderen europäischen Staaten.

Der **napoleonische Kataster** besteht aus einer systematischen Klassifizierung und Bewertung von Grund und Boden unter zentraler Verwaltung, einer grundstücksbezogenen Katastralmappe basierend auf einer topografischen Vermessung der Grundstücke und der Speicherung der Daten in einem Register.

Im Unterschied zu den früheren Katastern basierte die napoleonische Katastervermessung auf der Anwendung wissenschaftlicher Messmethoden und der individuellen Vermarkung der Grundstücksgrenzen. Erfasst und dargestellt wurden die Grundstücksgrenzen, die Grundstücksnummern, die Fläche, die Nutzung und der Wert der Grundstücke.

Die zunehmende Bedeutung von privatem Grundeigentum veränderte im Laufe der Jahre die Rolle des Katasters. Die Herstellung des Raumbezuges zur Verbücherung der Eigentumsrechte gab dem Kataster eine neue rechtliche Funktion und stellte erhöhte Anforderungen an die Genauigkeit und die Zuverlässigkeit des Katasters.

Vor diesem Hintergrund haben sich in Mitteleuropa die **Grundbücher** entwickelt, in denen eine eindeutige Beziehung zwischen den Grundstücken des Katasters und den im Grundbuch verbücherten Rechten hergestellt wurde.

b Grundbuchssysteme

Neben der Darstellung des ⇨ mitteleuropäischen Systems (fallweise auch als „German System“ bezeichnet) soll ein kurzer Überblick über die anderen Grundbuchssysteme vorgenommen werden.

ba Register of Deeds

Dieses System ist im anglo-amerikanischen Raum, besonders in den Vereinigten Staaten, sehr weit verbreitet.

Die Eintragung in das Liegenschaftsregister hat hier bloß rangwahrende Wirkung. Der tatsächliche Erwerb dinglicher Rechte erfolgt außerbücherlich, dh bei **Vertragsabschluss** und Übergabe der unterschriebenen Urkunde. Der Rechtserwerber kann den Erwerb im ‚Deeds-Register‘ eintragen lassen, welches aber nur deklaratorischen Charakter hat. Die Registereintragung schützt nur den, der von einem früheren Besitzerwerb durch einen Dritten nichts wusste oder wissen musste. Es besteht also kein Gutglaubensschutz hinsichtlich des Rechts eines eingetragenen, aber tatsächlich nicht berechtigten Veräußerers.

Eine besondere Schwierigkeit liegt im Erfordernis des sog „**title research**“: die Rückverfolgung der Titelkette bis zu den Ursprüngen (maximal jedoch 40 Jahre). Um sich gegen die Gefahren des Liegenschaftserwerbs abzusichern, wird auf Versicherungen zurückgegriffen.

bb Torrens-System

Es basiert im Wesentlichen auf dem Realfoliensystem, dem Grundsatz der amtswegigen Grundbuchsanlegung und dem Eintragungsgrundsatz.

Es wird in Australien angewendet, wurde aber auch von Kanada, Neuseeland und Großbritannien (inklusive einiger Kronkolonien und Protektorate) übernommen, wo es zum Teil neben dem Register of Deeds besteht. In den USA ist neben dem Register of Deeds-System auch vereinzelt das Torrens-System zu finden. Der Rechtserwerber kann daher nach Vertragsabschluss zwischen (fakultativer) Eintragung im Deeds-Register und (konstitutiver) Eintragung nach dem Torrens-System wählen.

Besonders hervorzuheben ist der auf dem Eintragungsgrundsatz basierende verstärkte **Drittschutz**. Die Eintragung im Grundbuch wirkt konstitutiv, der Rechtserwerb durch den Eingetragenen erfolgt endgültig und unabhängig von der Gültigkeit des Grundgeschäfts. Das Nachforschen der Berechtigung der Vormänner, der sogenannte „title research“, ist nicht erforderlich. Dem wahren Berechtigten wird für einen erlittenen Rechtsverlust – auch bei fehlendem Verschulden des Registerbeamten – ein Ausgleich aus einem eigenen Entschädigungsfonds gewährt.

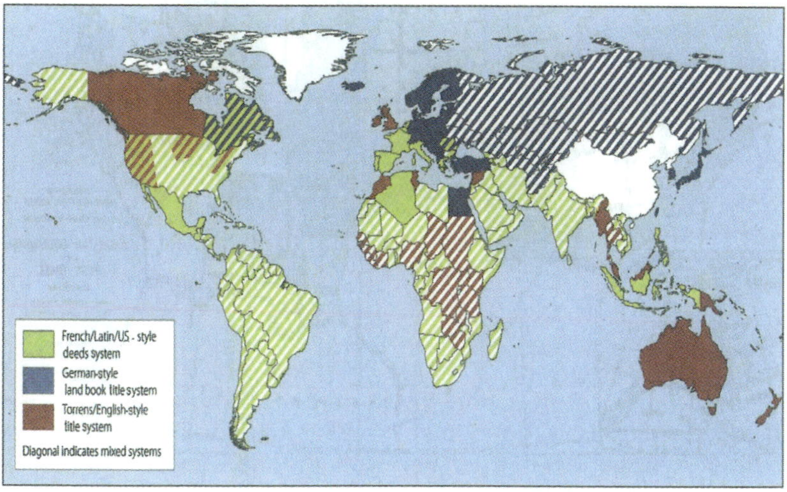

Abb 1.6: Landregistrierungssysteme

bc Publikationssystem

Für den dinglichen Rechtserwerb ist hier der **Vertragsabschluss** ausreichend. Einer Übergabe oder Eintragung in einem Register bedarf es grundsätzlich nicht. Eine Wirkung gegenüber Dritten tritt nur ein, wenn die Vertragsurkunde notariell beglaubigt und nach formeller Überprüfung in das Grundstücks- und Hypothekenregister eingetragen wurde. Insofern handelt es sich um einen mittelbaren Eintragungsgrundsatz. Trotzdem ist auch bei diesem System ein „title-research“ erforderlich, der sich allerdings auf die letzten 30 Jahre beschränkt. Die Vertragsurkunde wird publiziert, was als Eigentumsnachweis für den Erwerber dient und eine unwiderlegbare Vermutung der Kenntnis des registrierten Rechtsvorgangs bewirkt (negative Publizität).

Diese negative Publizität wird durch einzelne Vorzugsrechte (Privilegien) eingeschränkt:

- Verkäuferprivileg zur Sicherung der Kaufpreisrestschuld
- Privileg zur Sicherung der Rechtsverfolgungskosten
- Privileg zur Sicherung der Arbeitnehmerforderungen etc

Das Register selbst stellt eigentlich nur eine Urkundensammlung dar, da keine Eintragungen erfolgen, sondern nur Urkunden abgeheftet werden. Eine Einsicht ist daher nicht möglich, es können aber Auszüge und Abschriften erstellt werden.

Das Publikationssystem gilt in Frankreich, Belgien und Luxemburg sowie mit Einschränkungen in Italien und Portugal, also im Einflussbereich des Code Civil von 1804.

Vorteile dieses Systems sind ua die Informationspflicht hinsichtlich öffentlich-rechtlicher Eigentumsbeschränkungen und die flexible Ausgestaltung der Hypothek.

bd Mischformen

Neben den bisher erwähnten Registrierungssystemen gibt es vor allem in Spanien und in den Niederlanden Übergangsformen, die Besonderheiten aufweisen.

(i) Spanien

Auch in Spanien erfolgt – ähnlich wie in Frankreich – der Rechtserwerb außerbücherlich, dh durch Vertragsabschluss und Übergabe. Zur Eintragung in ein Register ist aber jedenfalls eine notarielle Beglaubigung der Vertragsurkunde erforderlich. Diese notarielle Beglaubigung wird jedoch von der vollständigen Bezahlung des Kaufpreises abhängig gemacht. Eine Eintragung ist daher häufig nicht sofort nach dem Rechtserwerb möglich, auch eine Vormerkung zur Sicherung von Rechten ist nicht möglich.

(ii) Niederlande

Das niederländische Grundbuchssystem nähert sich seit 1992 deutlich dem mitteleuropäischen Grundbuchtypus. Für das Eigentum an Grundstücken und für Grundstücksbelastungen gibt es zwar nach wie vor zwei getrennte Register, in denen die Urkunden mit den Rechtsänderungen gesammelt werden, aber Eigentumsübergang und Grundstücksbelastungen werden erst mit Eintragung im Grundbuch wirksam (Eintragungssystem).

2 Die Bedeutung des Grundstücks für die Geoinformation

Im Zusammenhang mit der Einführung der INSPIRE- Richtlinie durch die EU-Kommission im Jahr 2007 hat eine gemeinsame Arbeitsgruppe von EuroGeographics und dem Permanent Committee on Cadastre in the EU (PCC), bestehend aus Experten der europäischen Katasterorganisationen eine Untersuchung über die Rolle des Grundstücks in der nationalen Geodateninfrastruktur ausgearbeitet.

Das Ergebnis zeigt, dass im Allgemeinen das Grundstück als Objekt gesehen wird, das neben seiner Rolle im Grundverkehr (zB Eigentumsverhältnisse, Dienstbarkeiten, Kreditsicherheit, Besteuerung) ein wichtiger Informationsträger für die Zwecke der Planung, das Umweltmonitoring, vielfältige Förderungsprogramme (zB Agrarförderung), Infrastukturmanagement, Geomarketing und weitere Anwendungen ist.

Definition des Grundstücks

In INSPIRE wird das Grundstück wegen seiner Bedeutung in der Geodateninfrastruktur für vielfältige Basisanwendungen als einer der ersten umzusetzenden Inhalte umgesetzt. Die Definition selbst ist aber sehr allgemein:
„Gebiete, die anhand des Grundbuchs oder gleichwertiger Verzeichnisse bestimmt werden".

Die europaweite Untersuchung hat gezeigt, dass in allen Katastersystemen in Europa folgende Daten zum Grundstück verfügbar sind:

- eindeutige Bezeichnung
- Flächenausmaß
- Grundstücksgrenzen
- Lagebezug (Georeferenzierung)
- Veränderungsdaten

Trotz der großen Unterschiede in der Definition, der Qualität und in der Flächendeckung wird das Grundstück als **kleinstes räumliches Objekt** in Europa für zahlreiche Anwendungen in der nationalen und europäischen Geodateninfrastruktur herangezogen. Um diese Daten effizient grenzüberschreitend anwenden zu können, wird vor allem die Standardisierung in Hinblick auf die Interoperabilität eine wesentliche Herausforderung sein.

3 Working Party on Land Administration (WPLA)

Die Working Party on Land Administration – ein Forum von Experten der staatlichen Grundbuchs- und Katasterorganisationen in der ECE-Region unter der Schirmherrschaft der UNECE-Kommission – hat in zahlreichen Studien die Bedeutung der Landadministration untersucht und grundsätzliche Richtlinien veröffentlicht. Nach einer Feststellung der WPLA sind Kataster und Grundbuch sehr bedeutende Grundlagen eines Staates und maßgebend für eine nachhaltige Entwicklung der Gesellschaft.

In ihren **Richtlinien** beschreibt die WPLA den Kataster als Register grafischer und textlicher Informationen zur Unterstützung des Eigentumserwerbs, der Eigentumsbewertung und der Verwaltung von Grund und Boden. Elementare Einheit ist das Grundstück und seine Grenzen.

Entwickelte Systeme haben darüber hinaus in Gesetzen geregelt:

- wie ein Grundstück definiert ist
- dass Grundstücksgrenzen sowohl horizontal als auch vertikal wirken
- die Unterscheidung der rechtlichen Festlegung der Grenzen von der physischen Lage (zB Hecken, Büsche)
- definierte Verfahrensabläufe zur Festlegung von Grundstücksgrenzen

Bedeutung der Landadministration

A good land administration system will guarantee ownership and security of tenure; support land and property taxation; provide security for credit; develop and monitor land markets; protect land resources and support environmental monitoring; facilitate the management of state-owned land; reduce land disputes; facilitate rural land reform; improve urban planning and infrastructure development; and provide statistical data in support of good governance. It should be affordable and open to everyone, meeting the needs of all its users, and must be sustainable. Local traditions and existing infrastructure will give rise to different solutions as to how this may be best achieved, especially in countries where cadastres have been in operation for many decades *(WPLA, 2005)*.

Die Schwerpunkte der Aktivitäten der WPLA liegen in Forschung und Entwicklung und im Austausch und in der Beratung über rechtliche, finanzielle, technische, institutionelle und prozessorientierte Inhalte in der Landadministration. Die WPLA führt eine europaweite Wissensdatenbank und hat Landadministrationssysteme in der gesamten ECE-Region untersucht. Neben der Erstellung von Richtlinien und Studien veranstaltet die WPLA periodische Workshops und Seminare zur Unterstützung und Weiterentwicklung der Landadministration.

4 Permanent Committee on Cadastre in the EU (PCC)

Das PCC ist die Vereinigung der Katasterorganisationen der Mitgliedsstaaten der Europäischen Union und wurde 2002 gegründet. Den Vorsitz des PCC führt jeweils jenes Land, welches die EU- Präsidentschaft inne hat.

Mit Seminaren und Workshops sowie europaweiten Projekten agiert das PCC als Netzwerk zum Erfahrungs- und Informationsaustausch unter den Mitgliedsstaaten mit dem Ziel der Verbesserung der Kooperation unter den verschiedenen europäischen Katastersystemen und deren Nutzern. Es werden gemeinsam Strategien und Initiativen entwickelt, um die Rolle und die Bedeutung des Katasters deutlich zu machen und in Kooperation mit der EU- Kommission und anderen europäischen Institutionen Einfluss auf katasterrelevante Regelungen und Richtlinien zu nehmen.

Intensiv hat sich das PCC mit der INSPIRE- Richtlinie auseinandergesetzt und in Projekten die katasterrelevanten Fragen in europaweiten Untersuchungen aufbereitet.

5 EuroGeographics

EuroGeographics ist eine europäische Non- Profit Organisation, deren Mitglieder die nationalen Organisationen für Kartographie, Kataster und Grundbuchsfragen sind. Die Leitung der Organisation obliegt einem Management-Board, das aus den Mitgliedern gewählt wird.

Abb 1.7: Mitgliedsländer von EuroGeographics

Die Mission von EuroGeographics ist, die Entwicklung einer europäischen Dateninfrastruktur durch Zusammenarbeit im Bereich der Geoinformation einschließlich topografischer, katastertechnischer und grundbuchsrelevanter Informationen zu fördern.

Für Kataster- und Grundbuchsfragen ist seit 2006 das „Cadastre and Land Registry Knowledge Network“ eingerichtet, eine Plattform für die Diskussion von Kataster- und Grundbuchsfragen. Mit dem PCC besteht in diesen Fragestellungen eine enge Kooperation, die durch gemeinsame Projekte unterstrichen wird.

6 European Land Information Service (EULIS)

EULIS ist ein europäischer Online-Datenbankenverbund der Grundbuchssysteme europäischer Staaten, der sich aus einem geförderten EU-Projekt entwickelt hat. Österreich war von Beginn an durch das Justizministerium und das Bundesamt für Eich- und Vermessungswesen beteiligt.

Professionellen Anwendern (zB Notaren, Rechtsanwälten, Banken, Immobilienbüros) soll ein grenzüberschreitender Zugriff auf Daten von Grund und Boden und Informationen über die rechtlichen Bedingungen und die Verfahren in den diversen Ländern verfügbar gemacht werden.

Ziel von EULIS ist

- der wechselseitige Datenzugriff
- die Beschleunigung der Prozessabläufe bei grenzüberschreitenden Transaktionen
- die Erleichterung des freien Kapital- und Zahlungsverkehrs

Für die Nutzung des Services hat der Interessent mit dem EULIS-Partner seines Heimatlandes eine Nutzungsvereinbarung abzuschließen. Das Entgeltschema wird von jedem EULIS-Partner für sein System autonom festgelegt.

Innerhalb der EULIS-Partnerstaaten, die ausdrücklich nicht auf den EU-Raum beschränkt sind (so sind auch Norwegen und Island im Projekt vertreten), läuft das System mit einigen Partnerländern bereits seit 2007 und wird laufend ausgebaut.

II Grundlagen der Vermessung

Zweck der **Landesvermessung** ist, im gesamten Bundesgebiet die Verhältnisse an Grund und Boden, deren Kenntnis für zahlreiche staatliche und private Anliegen erforderlich ist, in Plänen, Karten und Verzeichnissen darzustellen. Die sich aus dieser Bestimmung ergebenden Aufgaben umfassen drei Gruppen:

- Grundlagenvermessungen (geodätischer Raumbezug),
- Herstellung der Landkarten (Topographie) und
- Kataster

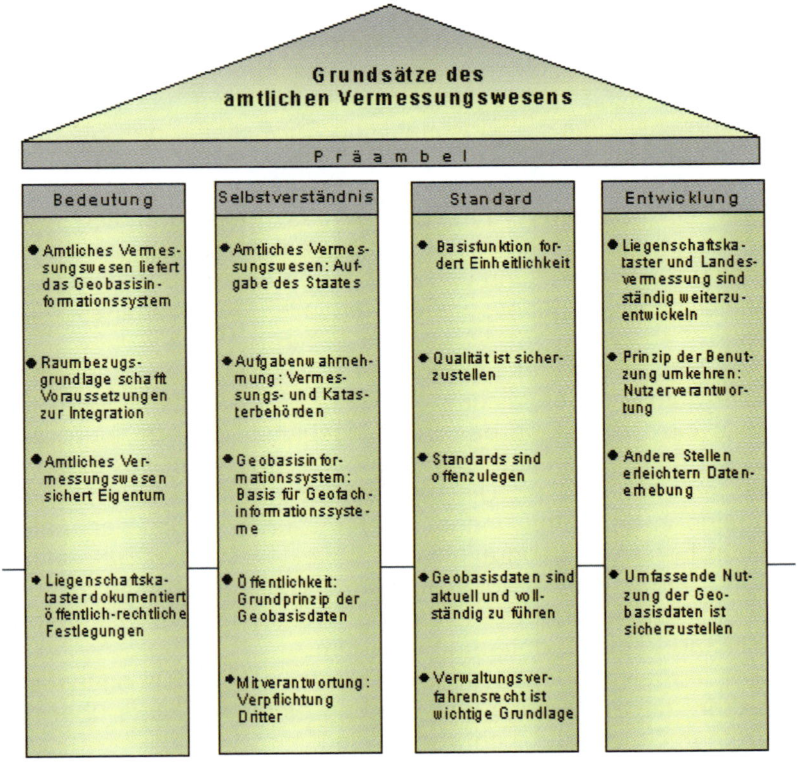

Abb 2.1: Amtliches Vermessungswesen

Grundsätze des amtlichen Vermessungswesens

Das amtliche Vermessungswesen erfüllt wesentliche Grundfunktionen für die soziale, kulturelle und wirtschaftliche Entwicklung des Staates, für die Eigentumsgarantie des Grund und Bodens sowie für raumbezogene Staatsaufgaben.

Das amtliche Vermessungswesen – repräsentiert durch die Landesvermessung und den Kataster – erfasst und dokumentiert entsprechend dem gesetzlichen Auftrag grundlegende Daten von den Erscheinungsformen der Erdoberfläche (Geotopographie) bis zur Abgrenzung von Grundstücken und grundstücksbezogenen Rechten (Kataster) und stellt den einheitlichen geodätischen Raumbezug bereit. Diese Daten werden als **Geobasisdaten** bezeichnet. Sie werden in einem Informationssystem geführt, aus dem Nutzern wichtige Grundlagendaten und ein einheitlicher Raumbezug für eigene Aufgaben zur Verfügung gestellt werden.
Geobasisdaten und die daraus abgeleiteten Informationen und Produkte besitzen eine zentrale Bedeutung für politische Entscheidungen, für die Eigentumssicherung, für weitere Rechtsbereiche, für Verwaltungsplanung und Verwaltungsvollzug sowie für die wirtschaftliche Entwicklung des Staates *(www.adv-online.de)*.

Die **Grundlagenvermessung** umfasst alle grundlegenden Vermessungen, die nach außen hin dem Anschluss an die internationale Erdmessung und nach innen hin der Schaffung von einheitlichen Ausgangspunkten für alle Detailvermessungen dienen.

Die Herstellung der **Landkarten** – auch als Topographische Landesaufnahme bezeichnet – betrifft alle Arbeiten, deren Ergebnis die Darstellung des Bundesgebietes in Form einer den wissenschaftlichen und praktischen Anforderungen entsprechenden Landkarte ist. Die **Landesaufnahme** dokumentiert die Situation in der Natur, indem ein reduziertes Abbild der realen Welt in Form von geographischen Objekten in einer Datenbank geführt und in Karten abgebildet wird. Die Vorgabe der zu führenden Objekte ergibt sich aus der Relevanz von Objekten in der Natur für die Orientierung im Raum.

Die Angelegenheiten des **Katasters** schließlich bilden die Arbeiten, die zur Anlage und Führung eines Katasters über die einzelnen Grundstücke notwendig sind.

A Koordinatensysteme

Durch die **Grundlagenvermessung** werden geodätische Bezugssysteme durch dauerhaft stabilisierte Festpunkte an der Erdoberfläche realisiert und geodätische Basisinformationen nach Lage, Höhe und Schwere erhoben und bereitgestellt. Damit werden die Grundlagen geschaffen, um jede örtliche Vermessung nach Lage und Höhe eindeutig in den geographischen Rahmen der Erdoberfläche einordnen zu können.

Wegen des dynamischen Verhaltens der Erdoberfläche und der steigenden Genauigkeitsanforderungen ist die Realisierung des geodätischen Raumbezugs nicht abgeschlossen: Die Festpunkte müssen permanent überwacht und erforderlichenfalls aktualisiert werden.

Das geodätische **Bezugssystem**, das ist die theoretische Definition eines Koordinatensystems im Raum sowie eines zugehörigen Referenzellipsoides, stellt die Basis für die eindeutige Positionsangabe von Objekten durch Koordinaten dar. Ein geodätisches Bezugssystem wird festgelegt durch

- das geodätische Datum und
- das Koordinatensystem.

Für die praktische geodätische Arbeit in Österreich sind im Rahmen des **geodätischen Bezugssystems** folgende Begriffe relevant:

- Lage-, Höhen- und Schwere-System der österr Landesvermessung und deren Realisierung durch Festpunkte
- Projektionssysteme
- Satelliten-Positionierungssystem des BEV (APOS)

Das **geodätische Datum** der österr Landesvermessung leitet sich aus den Arbeiten des k u k Militärgeographischen Instituts (MGI) ab und wird durch folgende Parameter bestimmt:

- **Lage**: definiert durch die geographische Länge und Breite des Fundamentalpunkts (Wien/Hermannskogel), in dem die Lotabweichung per definitionem gleich null ist
- **Orientierung**: Übernahme eines astronomisch bestimmten Azimuts (Hermannskogel nach Hundsheimer Berg)
- **Maßstab**: ist aus der Länge der Basis bei Josefstadt (Böhmen) abgeleitet
- **Bezugsfläche**: Bessel-Ellipsoid (1841) mit den Halbachsen
  - a = 6.377.397,155 m und
  - b = 6.356.078,963 m sowie der Abplattung
  - f = 1 : 299,15281

1 Höhensystem

Genaue Höhen werden ausgehend von einer definierten Bezugsebene nivelliert.

Nivellieren
In einer Ebene, die im Niveau eines Nivellierinstruments rechtwinklig zum Lot liegt, werden Punkte bestimmt. Die Höhendifferenz zu einem Punkt unterhalb dieses Niveaus wird an einer auf diesem Punkt lotrecht stehenden Messlatte abgelesen. Die Höhendifferenz zwischen zwei beliebigen Punkten ergibt sich als Differenz der Ablesungen an den darauf stehenden Messlatten.

Das derzeit in Österreich in Verwendung stehende Höhensystem der Landesvermessung beruht auf der Theorie der sphäroidischen (= normalorthometrischen) Höhen bezogen auf die mittlere Adria, Pegel Triest („**Höhe über Adria**"). Der Übergang auf den Bezugshorizont des Europäischen Nivellementnetzes mit dem Pegel Amsterdam (Normalnull) und orthometrischen Höhenangaben ist in Vorbereitung.

Die Nachbarstaaten Österreichs verwenden andere Höhensysteme, was zu Differenzen zwischen den Höhen führt.

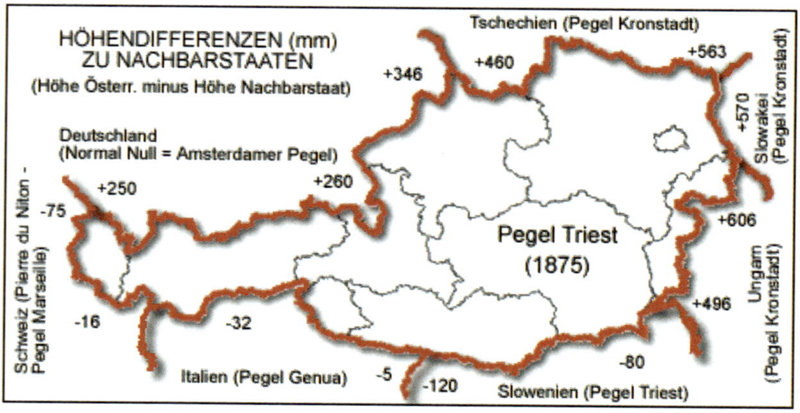

Abb 2.2: Höhendifferenzen zu den Nachbarstaaten

a Präzisionsnivellement

Die Punkte des Präzisionsnivellements bilden ein Nivellementnetz, welches ab 1873 vom Militärgeographischen Institut (MGI) – und in weiterer Folge vom Bundesamt für Eich- und Vermessungswesen (BEV) – gemessen wurde. Die Höhen dieses Nivellementnetzes beziehen sich auf das Mittelwasser der Adria für das Jahr 1875, definiert durch den Flutmesser im Finanzgebäude am Molo Sartorio in Triest. Derzeit stehen ca 28.300 Punkte in linienförmiger Struktur mit durchschnittlich 500 m Abstand über ganz Österreich zur Verfügung.

2 Schweresystem

Die Erfassung des Schwerefeldes besteht in der räumlichen Zuordnung des Betrags und der Richtung des Schwerevektors (= Schwerebeschleunigung und Lotrichtung) sowie in der Bestimmung einer hervorzuhebenden Niveaufläche des Schwerefeldes (= Geoid) als Bezugsfläche der Meereshöhen.

a Schweregrundnetz

Die Bestimmung des Betrags des Schwerevektors erfolgt durch Messung der Schwerebeschleunigung entweder absolut durch die Freifallmethode oder relativ durch das Federwaagenprinzip. Die Darstellung der Schwerebeschleunigung (des Schwerewertes) erfolgt in der Einheit Gal (= cm/s^2) und bezieht sich auf das Österreichische Schweregrundnetz (ÖSGN) 1995 mit ca 700 hochgenau bestimmten Punkten und ca 30.000 Gravimeterpunkten.

3 Festpunktfeld

Die Koordinaten von Punkten übergeordneter Bedeutung werden gemeinsam in Netzen berechnet. Die Theorien dazu gehen auf C.F. Gauss (1777 – 1855) zurück. Wegen der damals überaus schwierigen Distanzmessung enthielten sie nur wenige gemessene Distanzen („Basen“) und wurden im übrigen vollständig aus Winkelmessungen aufgebaut. Oft musste eine einzige Basis genügen.

Bis zum Jahre 1918 wurden in Österreich die Ergebnisse der Katastralvermessungen ohne Rücksicht auf die Erdfigur in **ebenen Koordinatensystemen** (ohne mathematische Projektion) dargestellt, wobei das heutige Bundesgebiet an fünf dieser Systeme Anteil hatte ⇨ Entwicklung des Katasters. 1918 wurde die Einführung von 3 Grad breiten Meridianstreifen mit den Mittelmeridianen 1°, 4° usw östlich von Ferro beschlossen.

a Gauß-Krüger-Projektion

In Österreich wird die winkeltreue **Gauß-Krüger-Projektion** in Form der 3°-Meridianstreifen – bezogen auf die Insel Ferro, dem westlichsten Punkt Europas – verwendet. Für Österreich ergeben sich drei Koordinatensysteme mit der Bezeichnung M 28°, M 31° und M 34°. Diese Bezeichnung ist gleichzeitig die geographische Länge der Mittelmeridiane („3-Grad-Streifen-System der Gauß-Krüger-Projektion mit den Bezugsmeridianen 28, 31 und 34 Grad östlich von Ferro"). **Ferro** hat die geographische Länge 17°40' westlich von Greenwich.

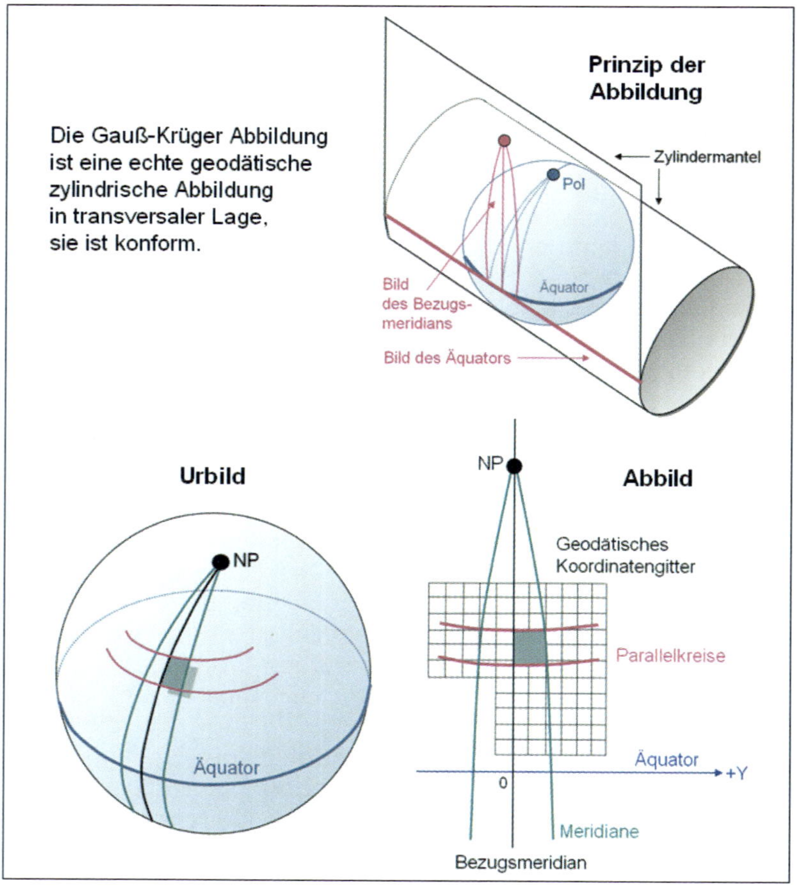

Abb 2.3: Gauss-Krüger-Projektion

Der **Koordinatenursprung** aller Systeme liegt am Äquator. Die Mittelmeridiane und damit auch die x-Achsen der drei Systeme haben in Österreich einen Abstand von rund 300 km voneinander, dh die maximalen y-Werte betragen rund ±150 km. Die x-Achsen zeigen nach Norden, sind aber nicht parallel. Die x-Koordinaten werden vom Äquator weggezählt und erreichen daher Werte in der Größenordnung von 5 Mio Metern.

Für die geordnete und bundeseinheitliche Lagedokumentation aller Grenzpunkte des Grenzkatasters ist ihre Abbildung (geodätische Positionierung) in einem genormten Bezugssystem, dem „System der Landesaufnahme“ erforderlich.

System der Landesvermessung

Das geodätische Bezugssystem Österreichs bildet das im Jahre 1892 vom Militärgeographischen Institut definierte und allgemein als MGI bezeichnete System. Zur Darstellung der Festpunkte, der Grenzen der Grundstücke, der Abgrenzungen der Benützungsabschnitte und allfälliger weiterer Angaben zur leichteren Kenntlichmachung der Grundstücke wird die Gauß-Krüger-Projektion mit den Bezugsmeridianen 28, 31 und 34 Grad östlich von Ferro verwendet *(§ 1 Z 6 VermV 2010)*.

Der Bezug zur Erdoberfläche ist durch ca 260.000 **Festpunkte** realisiert, deren Lage durch Koordinaten im System Gauß-Krüger festgelegt ist.

b UTM - Universale Transversale Mercatorprojektion

Das UTM-Koordinaten- und das Gauß-Krüger-Meridianstreifensystem benutzen bis auf einen Maßstabsfaktor die gleichen Abbildungsgleichungen (transversale konforme Zylinderabbildung) zur Verebnung der Oberfläche des Erdellipsoids.

Der wichtigste Unterschied besteht darin, dass dem Gauß-Krüger-Meridianstreifensystem das Bessel-Ellipsoid zugrunde liegt und 3° breite Meridianstreifen verwendet werden, während sich UTM-Koordinaten auf das WGS84- bzw das GRS80-Ellipsoid beziehen und 6° breite Meridianstreifen benutzen.

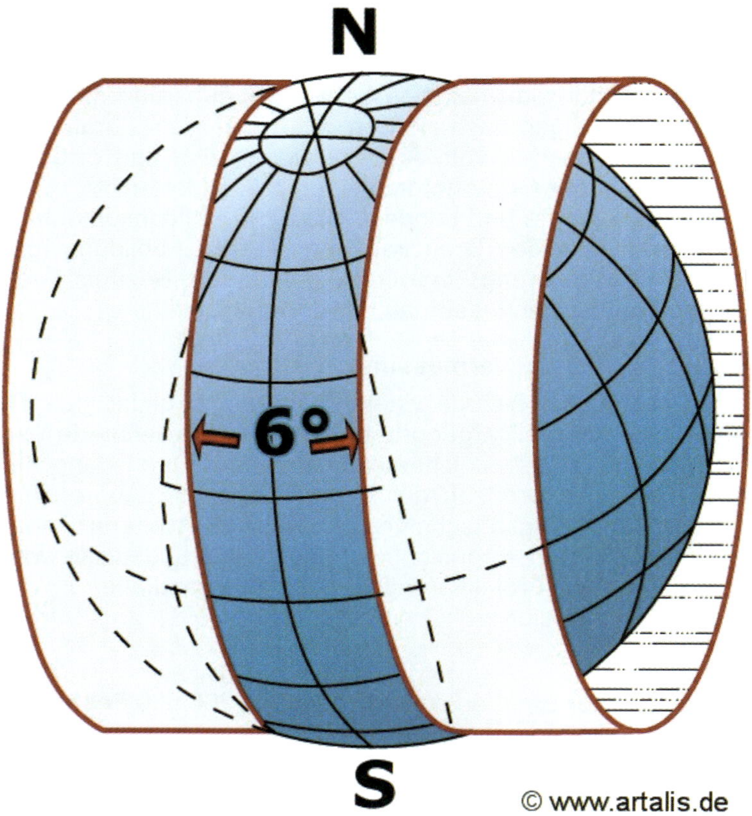

Abb 2.4: UTM Meridianstreifensystem

Mit wachsender Streifenbreite nehmen bei dieser konformen Abbildungsart die **Streckenverzerrungen** zum äußeren Rand der Streifen hin erheblich zu. Zum Ausgleich der durch die breiteren Meridianstreifen bedingten stärkeren Längen- und Winkelverzerrungen an den Zonenrändern wird beim UTM-System ein Maßstabsfaktor von 0,9996 angebracht. Der Mittelmeridian wird dadurch um den Faktor 0,9996 (40 cm/km) verkürzt dargestellt. Mit zunehmendem Abstand vom Mittelmeridian nach Osten oder nach Westen verringert sich diese Verkürzung aufgrund der anwachsenden Abbildungsverzerrung innerhalb der Zone. Bei etwa 180 km Abstand verschwindet die Längenverzerrung. Bei den Gauß-Krüger-Koordinaten verzichtet man aufgrund der nur 3° breiten Streifen auf einen derartigen Maßstabsfaktor, da die Maximalverzerrungen noch innerhalb der praxisrelevanten Genauigkeiten liegen.

c Festpunkte

Festpunkte sind dauerhaft stabilisierte Punkte (Vermessungszeichen), die mit besonderer Genauigkeit im System der Landesvermessung bestimmt sind. Sie gewährleisten Informationen über Lage und/oder Höhe (Triangulierungspunkte, Einschaltpunkte, Höhenpunkte besonderer Genauigkeit).

Triangulation

Die Triangulation (Aufteilung einer Fläche in Dreiecke) ist das klassische Verfahren zur Erstellung eines trigonometrischen Vermessungsnetzes als Dreiecksnetz für die Zwecke der Erdmessung, der Landesaufnahme sowie als Grundlage für weitere Vermessungsarbeiten.
Winkel lassen sich im Gelände wesentlich einfacher (berührungslos) und genauer messen als Längen, besonders wenn die Längen sehr groß sind. Daher wurde für die großräumige Vermessung der Erdoberfläche das Verfahren der Triangulation verwendet. Sind die Winkel zwischen den Seiten eines Dreiecks und die Länge einer seiner Seiten bekannt, so lassen sich die Längen der anderen Seiten mittels trigonometrischer Formeln berechnen. Damit ergeben sich auch die Lagebeziehungen der Dreieckspunkte in einem Koordinatensystem.
Als Voraussetzung muss die Länge einer Seite eines Dreiecks bekannt sein. Da die Seiten mit einer Ausdehnung von 30–50 km jedoch früher zu lang für eine direkte Messung waren, wurde eine kürzere Strecke von nur einigen Kilometern Länge zwischen zwei Festpunkten mit einem Basismessgerät durch Aneinanderlegen von Maßstäben oder mit Messbändern oder -drähten genauestens vermessen. Diese nennt man auch die Basis des trigonometrischen Netzes. Die ermittelte Länge wurde durch ein Basisvergrößerungsnetz auf eine Seite des eigentlichen Netzes übertragen, von der ausgehend alle restlichen Seiten berechnet werden können.

Das **Lagefestpunktfeld** umfasst vorwiegend **Triangulierungs- und** Einschaltpunkte. Ausgehend vom Hauptnetz erster Ordnung mit Dreiecksseiten von 30 bis 40 km Länge bis zum Netz fünfter Ordnung mit Dreiecksseiten von 1 bis 1,5 km Länge werden weitere Punkte eingeschaltet, deren gegenseitige Entfernung je nach Gegebenheit etwa 300 bis 1000 m beträgt.

Alle **Lagefestpunkte** sind in Form von rechtwinkeligen Koordinaten bezogen auf die 3-Grad-Streifensysteme der mathematischen Gauß-Krüger-Projektion mit den Bezugsmeridianen 28,

31 und 34 Grad östlich von Ferro festgelegt. Sie sind in der Natur durch behauene Granitsteine, einbetonierte Rohre und Bolzen, Metallschlagmarken oder Gabelpunkte dauerhaft stabilisiert.

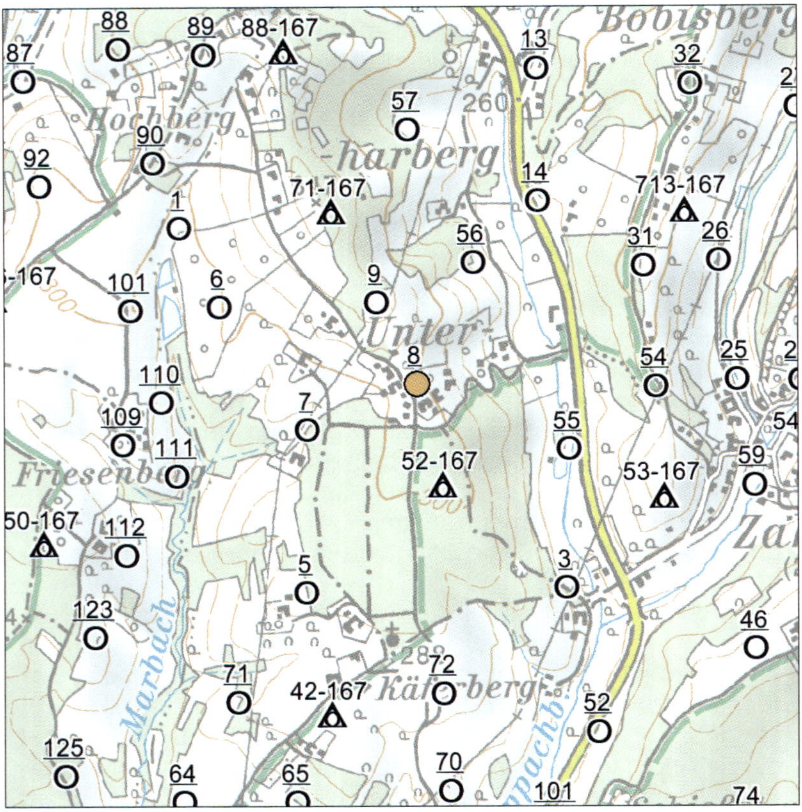

Abb 2.5: Punktübersicht der Lagefestpunkte

Die Festpunkte stellen die Grundlage für die Detailvermessungen der Lage nach dar. Für alle Lagefestpunkte werden Koordinaten berechnet, das sind die Entfernungen (Abszissen und Ordinaten) zu zwei senkrecht aufeinander stehenden Achsen des Koordinatensystems.

Die für den Nutzer relevanten Daten werden in Form der **Punktkarte**, welche neben den technischen Daten auch eine Punktskizze enthält, abgegeben.

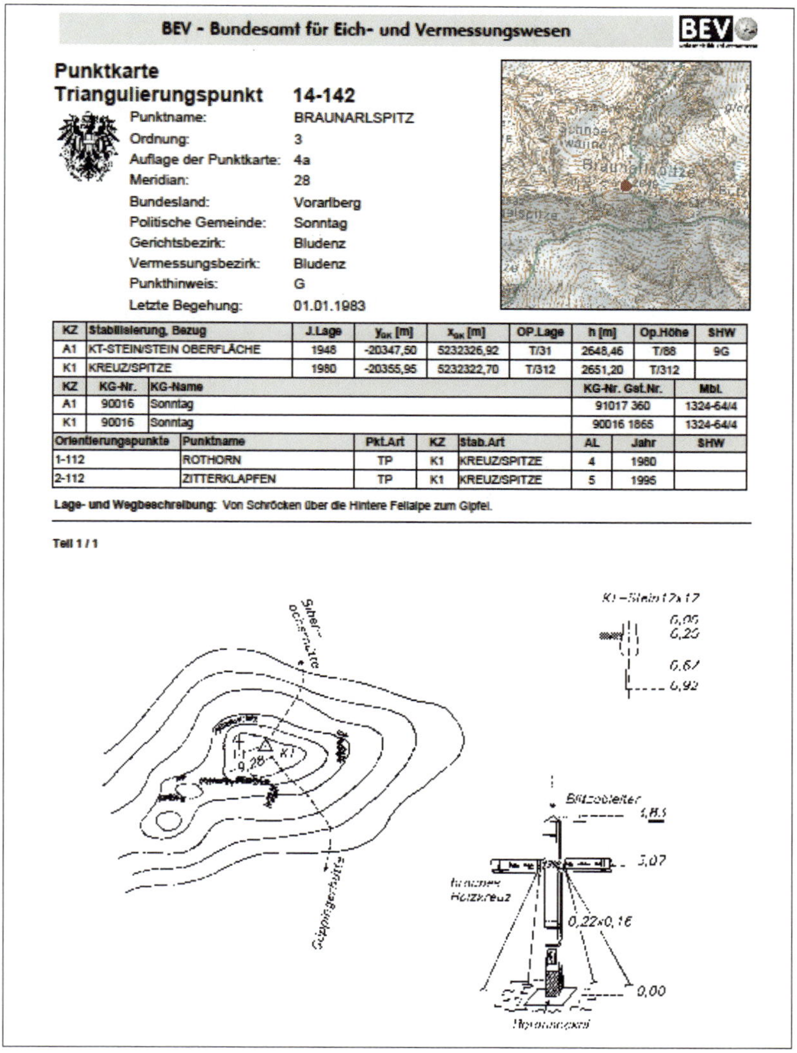

BEV - Bundesamt für Eich- und Vermessungswesen

Punktkarte
Triangulierungspunkt 14-142

Punktname: BRAUNARLSPITZ
Ordnung: 3
Auflage der Punktkarte: 4a
Meridian: 28
Bundesland: Vorarlberg
Politische Gemeinde: Sonntag
Gerichtsbezirk: Bludenz
Vermessungsbezirk: Bludenz
Punkthinweis: G
Letzte Begehung: 01.01.1983

KZ	Stabilisierung, Bezug	J.Lage	y_{GK} [m]	x_{GK} [m]	OP.Lage	h [m]	Op.Höhe	SHW
A1	KT-STEIN/STEIN OBERFLÄCHE	1948	-20347,50	5232326,92	T/31	2648,46	T/88	9G
K1	KREUZ/SPITZE	1980	-20355,95	5232322,70	T/312	2651,20	T/312	

KZ	KG-Nr.	KG-Name	KG-Nr. Gst.Nr.	Mbl.
A1	90016	Sonntag	91017 360	1324-64/4
K1	90016	Sonntag	90016 1865	1324-64/4

Orientierungspunkte	Punktname	Pkt.Art	KZ	Stab.Art	AL	Jahr	SHW
1-112	ROTHORN	TP	K1	KREUZ/SPITZE	4	1980	
2-112	ZITTERKLAPFEN	TP	K1	KREUZ/SPITZE	5	1996	

Lage- und Wegbeschreibung: Von Schröcken über die Hintere Fellalpe zum Gipfel.

Teil 1 / 1

Abb 2.6: Punktkarte des Triangulierungspunktes 14-142

ca Stabilisierung der Festpunkte

Die trigonometrischen Punkte (TP) sind durch massive Granitsteine (ca 16 x 16 x 70 cm) gekennzeichnet und zusätzlich durch Platten oder Rohre unterirdisch gesichert. Die Einschaltpunkte (EP) sind überwiegend durch Metallschlagmarken gekennzeichnet. Die Gesamtzahl der TP liegt bei etwa 60.000, die der EP bei etwa 200.000.

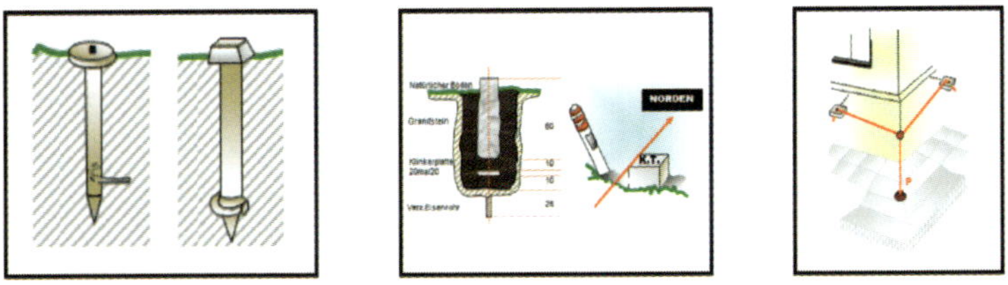

Metall- oder Kunststoffmarke

Granitstein, unterirdische Versicherung

Gabelpunkt

Abb 2.7: Stabilisierung von Festpunkten

Auf Grund der technologischen Entwicklung ist die bisherige gesetzliche Festlegung auf „ein engmaschiges Festpunktfeld“ entbehrlich geworden. Es wird jedoch eine ausreichend dichte Zahl von Festpunkten erhalten.

cb Signalisierung der Festpunkte

Um die Sichtbarkeit zwischen den Festpunkten für Winkel- und Streckenmessungen herzustellen, wurden diese durch entsprechende Signale gekennzeichnet oder es werden bestehende Hochpunkte in das Koordinatensystem einbezogen.

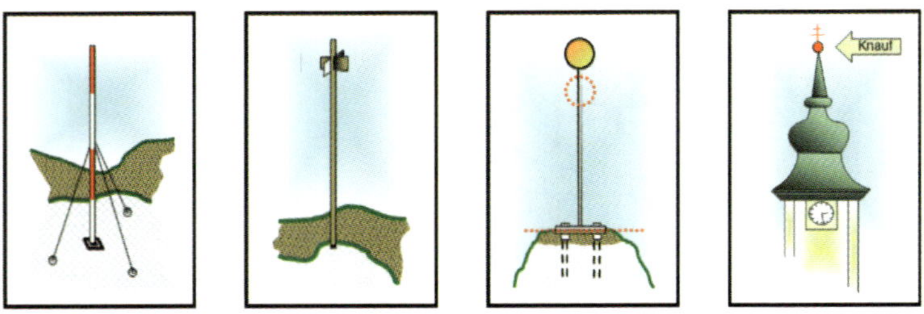

Stangen-signal

Stand-signal

Scheiben-signal

Hochpunkt

Abb 2.8: Signalisierung von Festpunkten

cc Schutz der Vermessungszeichen

Die Vermessungsbehörde ist ermächtigt, alle erforderlichen Vermessungszeichen – auch auf Privatgrund – anzubringen. Der Grundstückseigentümer ist von der Errichtung in Kenntnis zu setzen. Die Verpflichtung zur **Duldung** von Vermessungszeichen ist notwendig, weil diese Zeichen für die Landesvermessung und den Grenzkataster unentbehrlich sind und eine andere Sicherung dieser Punkte nicht möglich ist. Sie stellt eine öffentlich-rechtliche Belastung des Grundstücks dar.

In allen Fällen, in denen die Vermessungszeichen eine über das normale Maß hinausgehende Beanspruchung des Grundstücks darstellen, hat der Grundeigentümer Anspruch auf **Schadloshaltung**.

Vermessungszeichen sind für spätere Vermessungen von großer Wichtigkeit. Ihre Zerstörung oder ihr Verlust machen zeitraubende und kostenintensive Wiederherstellungsarbeiten erforderlich. Um einen umfassenden Schutz der Vermessungszeichen zu gewährleisten, sind neben den gerichtlichen auch verwaltungsrechtliche Strafdrohungen vorgesehen, deren Ahndung den Bezirksverwaltungsbehörden obliegt.

Strafrechtliche Tatbestände sind Sachbeschädigung, schwere Sachbeschädigung, Diebstahl und Unterschlagung. Im Verwaltungsstrafverfahren werden dem Täter auch die Kosten der Wiederherstellung des Vermessungszeichens auferlegt.

d Inhomogenitäten im Festpunktfeld

Die Qualität des Katasters ist unmittelbar auch von der Qualität des Festpunktfeldes abhängig. Einerseits variiert die Genauigkeit der Bestimmung der Koordinaten der Festpunkte, andererseits ist mit Veränderungen der physischen Punktlage selbst zu rechnen (zum Beispiel durch geologische Prozesse wie Rutschungen).

Um einen möglichst korrekten Raumbezug der Katastervermessungen sicherzustellen, ist eine **Homogenisierung** des Festpunktfeldes eine wichtige qualitätsverbessernde Maßnahme.

Die Größenordnung der derzeit vorhandenen Inhomogenitäten zeigt sich zum Beispiel durch eine Ausgleichung und Transformation der Festpunkte, wobei sich Koordinatendifferenzen von bis zu 1,5 m ergeben.

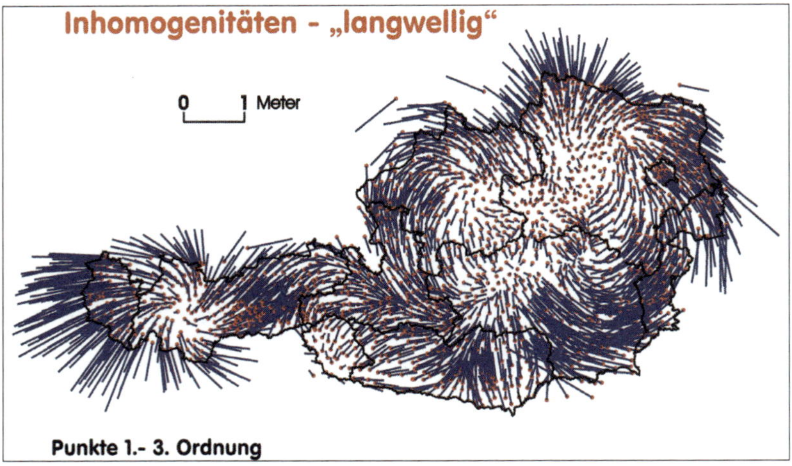

Abb 2.9: Inhomogenitäten im Festpunktfeld

Bedingt sind diese Abweichungen vor allem dadurch, dass das österreichische Festpunktnetz 1. Ordnung in der Vergangenheit nie einer Gesamtausgleichung unterzogen wurde und ein Teil der Koordinaten über 100 Jahre alt ist.

Die Diskrepanzen bei den Punkten 4. bis 6. Ordnung sind weniger systematisch als im übergeordneten Netz, die Abweichungen zwischen benachbarten Punkten können hier bis zu 20 cm betragen.

Die wichtigsten Gründe für die **Inhomogenitäten** sind:

- das Netzdesign aufgrund ungünstiger topographischer Gegebenheiten
- bisher wurden immer nur kleine Blöcke beobachtet und ausgeglichen
- Lotabweichungen blieben bis zum Jahr 1988 unberücksichtigt

Die Vorbereitung der Homogenisierung erfolgt durch die Messung von 30 000 Festpunkten der 1. bis 5. Ordnung und einer Revision und Übermessung der Festpunkte 6. Ordnung (Einschaltpunkte) mittels GPS-Methoden sowie durch die Digitalisierung alter trigonometrischer Messdaten.

Die Berechnung der homogenen Koordinaten der Festpunkte 1. bis 5. Ordnung erfolgt durch eine gemeinsame Ausgleichung der GPS-Messungen und aller zwischen 1920 und 1994 durchgeführten terrestrischen Messungen.

Die Homogenisierung der rund 100 Millionen Punktkoordinaten des Katasters soll durch spezielle Transformationsalgorithmen erfolgen ⇨ Berichtigung des Grenzkatasters wegen Änderungen im Festpunktfeld. Mit einer Fertigstellung der Homogenisierung kann nicht vor 2017 gerechnet werden.

4 Globales Positionierungssystem

Das auf Satelliten gestützte Positionierungssystem (GPS, GLONASS) ermöglicht den Aufbau hochgenauer terrestrischer Netze in einem auf einheitlicher Grundlage basierenden globalen Bezugssystem.

Unsere Position im Raum können wir aus den Distanzen zu drei bekannten Punkten berechnen; im GPS-System werden dazu die **Navstar-Satelliten** verwendet. Sie senden kontinuierlich synchrone von Atomuhren gesteuerte Zeitzeichen. Der GPS-Empfänger misst die Laufzeit dieser Zeitzeichen und berechnet anhand der Lichtgeschwindigkeit die Distanzen zu den Satelliten. Da die Uhr im GPS-Empfänger nicht synchron mit den Uhren in den Satelliten läuft, werden die Signale von mindestens vier Satelliten benötigt, um daraus die Uhrkorrektur gemeinsam mit den drei Koordinaten des Standorts zu berechnen.

a APOS - Satelliten-Positionierungsdienst des BEV

APOS steht für „Austrian Positioning Service“ und ist der GNSS-Satelliten-Positionierungsdienst des BEV. Der Aufbau eines differentiellen GNSS-Service ermöglicht weitere Rationalisierungsschritte für die Lösung von 3D-Positionierungsaufgaben. Dafür werden GNSS-Referenzstationen als moderne Form des Festpunktfelds verwendet. Die Signale von GNSS-Satelliten (GPS und GLONASS) werden von **Referenzstationen** permanent empfangen und archiviert.

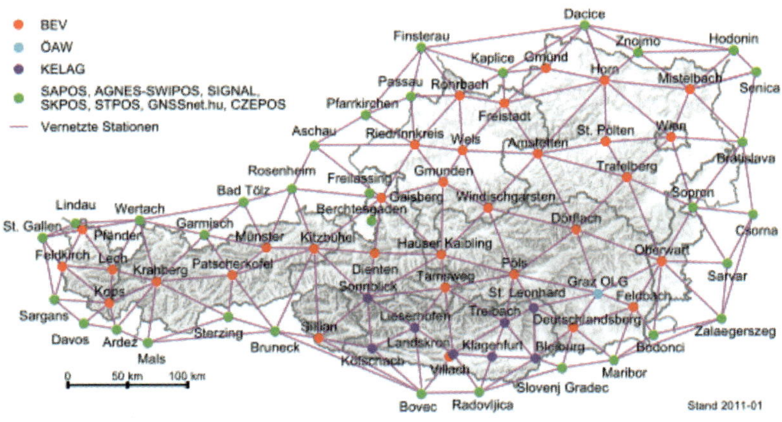

Abb 2.10: APOS-Stationen

Durch Kooperationen mit anderen nationalen Betreibern (KELAG, ÖAW) und den benachbarten Vermessungsverwaltungen ist die Einbindung der grenznahen internationalen Referenzstationen gewährleistet. APOS liefert flächendeckend und grenzüberschreitend homogene 3D-Koordinaten im Europäischen Referenzsystem ETRS89.

Durch zentrale online-Verarbeitung der Messdaten und Abgabe über GSM oder Mobile Internet an Kunden besteht die Möglichkeit, in Echtzeit Koordinatenbestimmung mit cm-Genauigkeit durchzuführen.

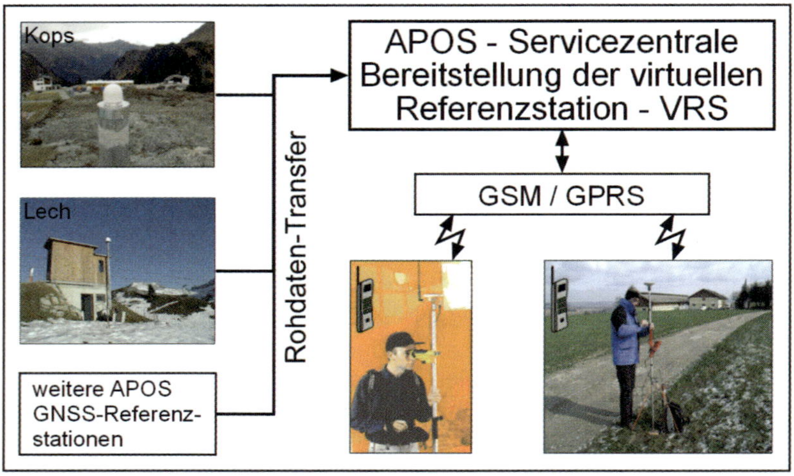

Abb 2.11: Schema der Datenabgabe in APOS

Die Europäische Union bereitet derzeit unter der Bezeichnung **GALILEO** ein unabhängiges europäisches Satellitennavigationssystem vor. Galileo ist der Beitrag Europas zu einer globalen Infrastruktur der Satellitennavigation.

B Fernerkundung

Beginnend mit dem Jahre 1949 wurde das gesamte Bundesgebiet in unterschiedlichen Aufnahmemaßstäben und für verschiedene Anwendungen fotografisch aus Flugzeugen abgebildet. Als Grundlage für die photogrammetrische Datenerfassung dienen Passpunkte. Dafür wurden Punkte aus dem bestehenden Festpunktfeld luftsichtbar gemacht oder Naturpunkte nach der Befliegung terrestrisch eingemessen.

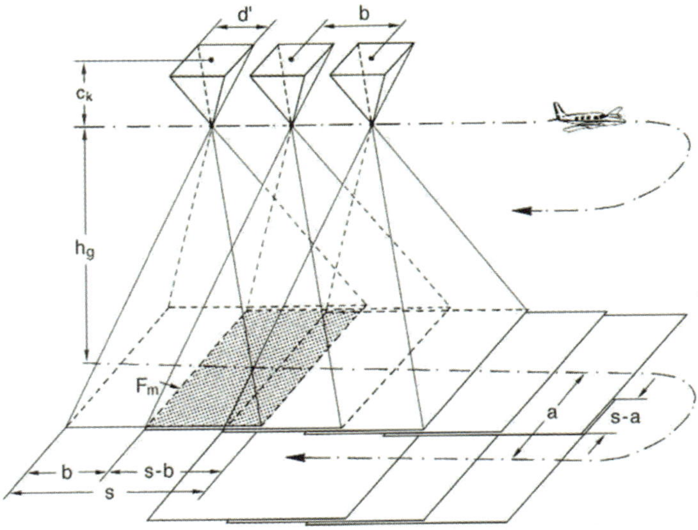

Abb 2.12: Photogrammetrische Aufnahme

Aus einem Flugzeug werden mit einer senkrecht nach unten gerichteten Kamera kurz nacheinander Bilder des gleichen Geländeausschnitts gemacht. um eine stereoskopische Auswertung zu ermöglichen. Im Luftbildarchiv stehen derzeit im BEV ca 400.000 **Flugaufnahmen** (Luftbilder) von Österreich und für die meisten Flugaufnahmen Unterlagen wie die Ergebnisse aus einer Aerotriangulierung oder anderen Messungen zur Verfügung (zB Passpunkte, Passpunktskizzen, Arbeitskopien, Arbeitsdias, Kalibrierungsprotokolle). Aufgrund der hohen Qualität und der mehrfachen Flächendeckung von Österreich sind diese photogrammetrischen Grundlagen sowohl technisch als auch historisch von großer Bedeutung.

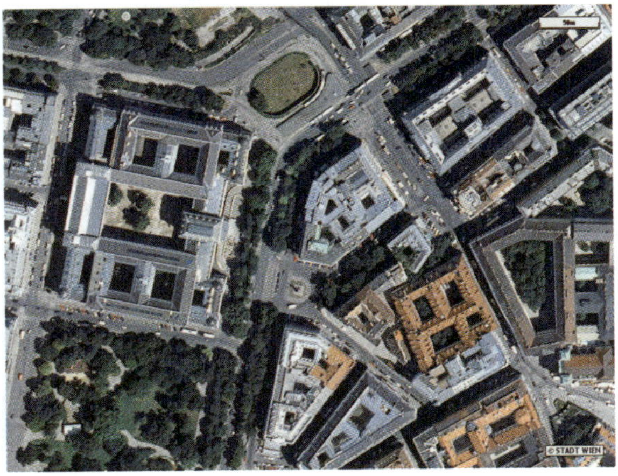

Abb 2.13: Luftbild von Wien, Universität

1 Orthophoto

Ein Orthophoto ist eine verzerrungsfreie maßstabsgetreue Abbildung der Erdoberfläche, die durch photogrammetrische Verfahren aus Luft- oder Satellitenbildern abgeleitet wird.

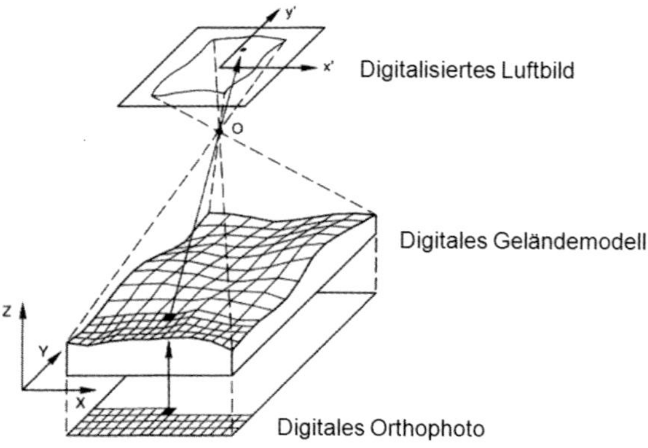

Abb 2.14: Entzerrung eines Luftbildes

Bei Luftbildaufnahmen entstehen Verzerrungen durch die photographische Zentralprojektion und die Höhenunterschiede des Geländes; bei Satellitenbildern ergeben sich Verzerrungen durch die Erdkrümmung. Die Bilder werden anhand von digitalen Geländemodellen neu berechnet und anhand von Punkten mit bekannten Koordinaten georeferenziert.

Orthophotos in Farbe werden aus Farbpositiv-Luftbildern hergestellt, die mit einem mittleren Bildmaßstab 1 : 15 000 mit Brennweite 21 cm aufgenommen wurden. Diese Orthophotos haben eine Bodenauflösung (Pixelgröße) von 25 cm. Farborthophotos werden vor allem für Klassifikationsaufgaben und Interpretationszwecke benötigt.

2 Airborne-Laser-Scanning

Laserscanner sind optische Systeme zum Vermessen von Landschaftsoberflächen und Gebäuden. Airborne Laserscanner sind in Flugzeugen oder Helikoptern eingebaut und dienen dem Erstellen von digitalen Gelände- und Oberflächenmodellen. Ein Laser scannt beim Überfliegen das Terrain und registriert die Entfernung zum Boden durch Messen der Laufzeit des Signals. Laserscanner sind eine Ergänzung zur Luftbildfotografie, die zwar farbige Bilder liefert, die aber aufwendig nachbearbeitet werden müssen, um Höheninformationen abzuleiten.

Gute Scanner können mehrere Reflexionen und die Intensität eines einzelnen Laser-Pulses detektieren und damit etwa über

Waldgebieten sowohl die Baumkronen als auch den Boden erfassen.

Das Haupteinsatzgebiet dieser Fernerkundungsmethode ist die Ableitung von hochgenauen digitalen Höhenmodellen in Form von digitalen Geländemodellen oder digitalen Oberflächenmodellen.

C Topographische Landesaufnahme

Die **Topographie** erhebt die Erscheinungsformen der Landschaft nach Gestalt (Geländeform, Höhe) und Nutzung (Bodenbedeckung, Bebauung, Gewässer, Verkehrswege).

Beschaffung und Führung von topographischen Geobasisdaten erfolgen in Österreich durch das BEV auf Basis von Einheitlichkeit, Flächendeckung, Aktualität und Kontinuität; dies gilt sowohl für das Bezugssystem als auch für die Produkte der Landesaufnahme, wie das digitale Geländemodell (DGM) und die topographischen und kartographischen Modelle (DLM/KM).

1 Entwicklung der Landesaufnahme

Seit ihrer Frühgeschichte hat die Menschheit Handel betrieben und Kriege geführt. Seit Eratosthenes (234 – 196 v.Chr.) kennt man die Dimensionen der Erde.

Um nicht nur von persönlicher Wegkenntnis abhängig zu sein, suchte man sich anhand von Abbildern der Gegend zu orientieren. Ein berühmtes Beispiel ist eine römische Straßenkarte aus dem 4. Jh. n.Chr., die ein gewisser Konrad Peutinger (1465 – 1547) als Kopie besaß.

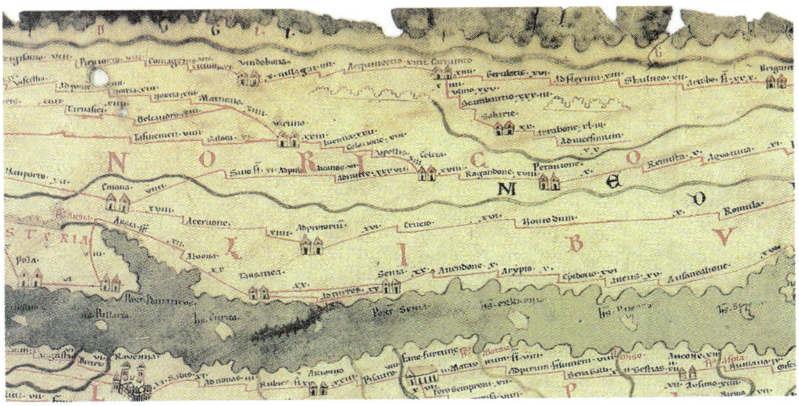

Abb 2.15: Tabula Peutingeriana, Ausschnitt Noricum

Gerhard Mercator (1512 – 1594) zeigte, wie die Erdkugel abgebildet werden kann. Der Weg zu geographischen und topographischen Karten war geebnet. Daraus entstand die Geodäsie, die Größe und Form der Erde sowohl als Ganzes als auch in kleinen Bereichen bestimmt und auf Karten abbildet.

Abb 2.16: Marcus Beneventanus, 1507, Ausschnitt Austria

a Josephinische Landesaufnahme

Wie unumgänglich nothwendig es dem Militari seye,
von denjenigen Landen, in welchen Krieg geführet wird,
genaue Kenntniß zu haben,
hievon hat uns der letzte Krieg hinlänglich Proben gegeben.
(Feldmarschall Lacy an den Hofkriegsrat 1764)

Anstoß für die Landesaufnahme gaben militärische Überlegungen. Im Siebenjährigen Krieg 1756 bis 1763 hatte sich das Fehlen verlässlicher Landkarten für die österreichischen Truppen als großer Nachteil erwiesen.

Die Josephinische Landesaufnahme (erste Landesaufnahme) wurde unter der Regentschaft von Maria Theresia begonnen und unter Joseph II. abgeschlossen. Die Josephinische Landesaufnahme ist das erste umfassende Landkartenprojekt im Herrschaftsbereich der Habsburger und umfasst die Habsburgischen Erblande.

Die Karte existierte ursprünglich nur in zwei Ausfertigungen, je eine für den Kaiser und den obersten Feldherrn. Sie wurde geheim gehalten. Die einzelnen Blätter haben keine einheitliche vermessungstechnische Grundlage (keine Triangulation), sodass sie nicht ohne weiteres zu größeren Einheiten zusammengefügt werden können.

Abb 2.17: Josephinische Landesaufnahme; Section 15, Ausschnitt

Die Karten sind handgezeichnet im Maßstab 1:28.800. Höhen sind durch Schraffuren, nicht durch Höhenschichtlinien dargestellt. Aus den Blättern der Landesaufnahme wurden Karten im Maßstab ca 1:115.200 abgeleitet.

Abb 2.18: Josephinische Landesaufnahme;
Ausschnitt aus dem Blatt Wien

Die 3589 handgezeichneten farbigen Kartenblätter der Josephinischen Landesaufnahme sind im Österreichischen Staatsarchiv/Kriegsarchiv aufbewahrt.

b Franziszeische Landesaufnahme

Die Franziszeische Landesaufnahme (zweite Landesaufnahme) ersetzte ab 1807 die Josephinische Landesaufnahme. Sie konnte auf die Erfassung der Grundstücke im Franziszeischen Kataster zurückgreifen und verwendete erstmals die Triangulation. Eine erste Triangulierung erfolgte von 1807 bis 1829, eine weitere mit verbesserten Methoden ab 1848.

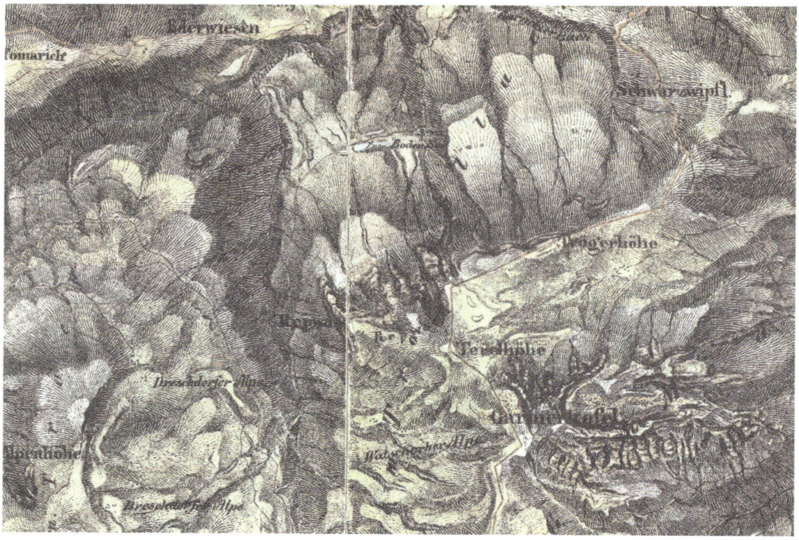

Abb 2.19: Franziszeische Landesaufnahme, Section 5, westl Colonne VI u VII, Ausschnitt

Die Franziszeische Landesaufnahme umfasst das Gebiet des neuen Kaiserthums Österreich. Sie ist nach dem ersten österreichischen Kaiser Franz I. benannt. Diese Landesaufnahme wurde durch eine eigene **Topographisch-lithographische Anstalt** des kuk Generalquartiermeisterstabs durchgeführt. Aus dieser Anstalt ging später das Militärgeographische Institut hervor.

Der Maßstab der Franziszeischen Landesaufnahme war mit 1:28.800 gleich jenem der Josephinischen. Ihre Ergebnisse wurden nicht mehr geheim gehalten, sondern in Karten im Maßstab 1:144.000 (Spezialkarte) und 1:288.000 (Generalkarte) veröffentlicht. Charakteristisch für diese Karten ist die optisch dunkle Darstellung bergiger Gegenden, die sich daraus ergab, dass zur Darstellung von Höhenunterschieden eng aneinander liegende in schwarzer Farbe gehaltene Schraffen verwendet wurden.

Die 2628 Kartenblätter der Aufnahme und die abgeleiteten Karten sind im Österreichischen Staatsarchiv/Kriegsarchiv aufbewahrt.

c Franzisco-Josephinische Landesaufnahme

Die Franzisco-Josephinische Landesaufnahme (dritte Landesaufnahme) entstand in den Jahren 1869 bis 1887 nach Fertigstellung der Unterlagen des Grundsteuerkatasters. Zur Unterscheidung von der vierten Landesaufnahme wird sie auch „alte Landesaufnahme“ genannt. Sie ist nach Kaiser Franz Joseph I. benannt. Aufgenommen wurde die gesamte Monarchie. Für Gebiete der Republik Österreich wurde sie bis in die 1960er-Jahre weitergeführt.

Abb 2.20: Franzisco-Josephinischen Landesaufnahme, Aufnahmeblatt Section 3852/1, Ausschnitt

Diese Aufnahme wurde auf der Grundlage einer Neutriangulierung im Rahmen der Europäischen Gradmessung 1867 nicht mehr getrennt nach Kronländern, sondern zusammenhängend vorgenommen. In ihrem Rahmen wurde erstmals das metrische System verwendet und Höhenangaben mit einer Kombination aus Schraffen (Bergstriche) und Höhenschichtlinien dargestellt. Die Steilheit des Geländes wurde durch das Verhältnis der Strichstärke der Schraffen zur Breite des Zwischenraums zwischen den einzelnen Schraffen ausgedrückt.

Abb 2.21: Schichtenlinien und Schraffen

Die Arbeiten an dieser Landesaufnahme wurden durch das **Militärgeographische Institut** durchgeführt. Aus den Aufnahmeblättern wurden mehrere Kartenwerke kleinerer Maßstäbe abgeleitet. Sie besteht aus 2780 farbigen Aufnahmeblättern, die nach dem Ende der Monarchie auf deren Nachfolgestaaten verteilt wurden, und 752 Blättern der Spezialkarte sowie abgeleiteten Kartenwerken, die in verschiedenen Archiven zugänglich sind.

Abb 2.22: Franzisco-Josephinische Landesaufnahme, Spezialkarte Blatt 18/XIII, Ausschnitt

Die Franzisco-Josephinische Landesaufnahme wurde 1896 durch die vierte Landesaufnahme ersetzt, die die Basis der heutigen Österreichische Karte (ÖK) bildet.

d Präzisionsaufnahme

Die vierte Landesaufnahme, auch „Präzisionsaufnahme“ genannt, wurde 1896-1914 durch das kuk Militärgeographische Institut, 1915-18 durch das kuk Kriegsvermessungswesen, ab 1921 durch das Bundesvermessungsamt und ab 1923 (mit Unterbrechung 1938-45 durch die Hauptvermessungsabteilung XIV des Reichsamts für Landesaufnahme) durch das Bundesamt für Eich- und Vermessungswesen durchgeführt. Die Aufnahme im Maßstab 1 : 25.000 erfolgte bis in die 50er Jahre durch terrestrische Photogrammetrie, seither durch **Luftbildmessung** (Aerophotogrammetrie). Um die Arbeiten zu beschleunigen, erfolgte ab 1959 die Aufnahme im Maßstab 1 : 50.000, die bis dahin hergestellte Österreichische Karte 1 : 25.000 wurde aufgelassen.

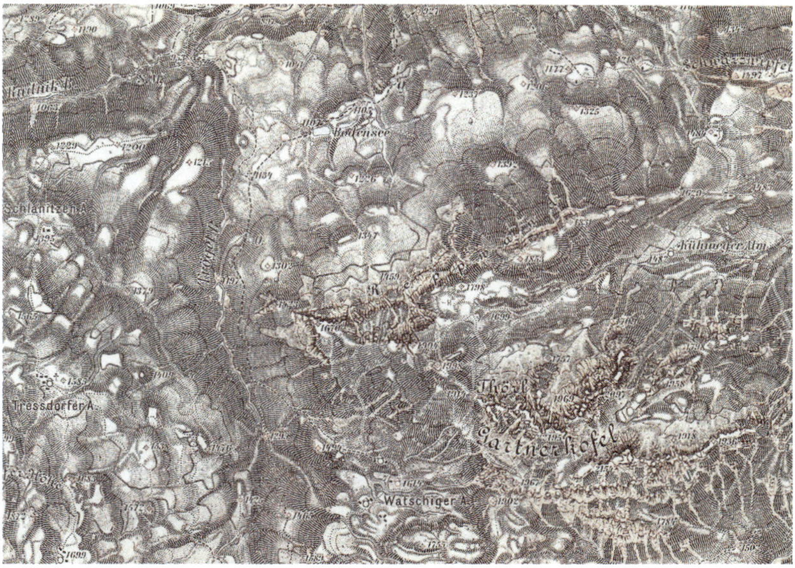

Abb 2.23: Präzisionsaufnahme, Zone 19, Colonne VIII, Section SO, Ausschnitt

2 Digitales Geländehöhenmodell (DGM)

Das digitale Geländehöhenmodell (DGM) beschreibt die Erdoberfläche (natürlicher Boden ohne Bewuchs) in Form eines Höhenrasters. Zusätzliche Geländestrukturen wie Bruchlinien, Formenlinien und markante Einzelpunkte ergänzen den regelmäßigen Raster und liefern detaillierte Informationen über die Topographie Österreichs.

Als Ausgangsmaterial dienen Luftbilder im Format 23 x 23 cm, welche mit speziellen Kameras aus Flugzeugen aufgenommen werden. Die erste flächendeckende Erfassung erfolgte vor etwa 30 Jahren aus Schwarzweißbildern mit einem mittleren Maßstab von 1 : 30.000. Ältere Daten wurden durch automatische Registrierung entlang paralleler Profile mit konstantem Wegintervall erfasst. Die Datendichte war der Struktur des Geländes angepasst. Der lineare Abstand zwischen den Rasterpunkten betrug 30 bis 160 m. Seit dem Jahre 1990 werden die Messungen in einem fixen Raster von 50 m aus Falschfarbbildern mit einem mittleren Maßstab von 1 : 15.000 durchgeführt. Zusätzlich werden die Höhendaten durch markante Geländestrukturen verdichtet.

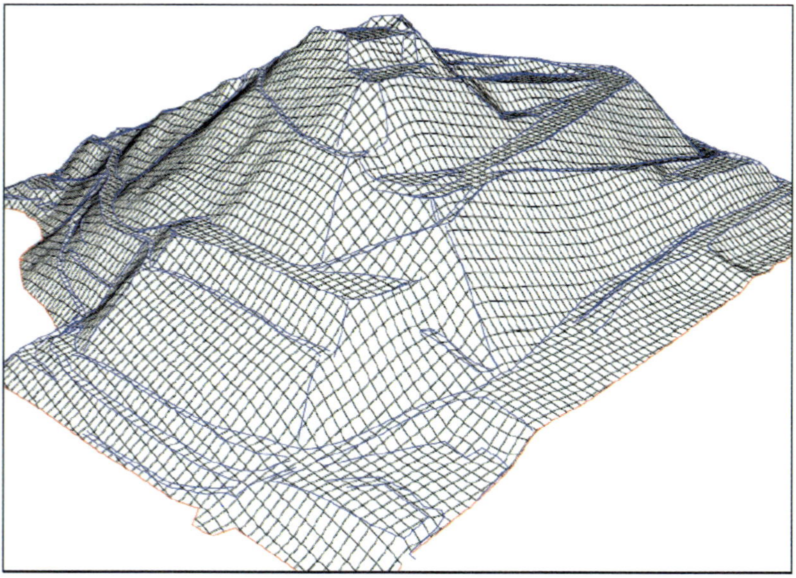

Abb 2.24: Geländehöhenmodell

3 Digitales Landschaftsmodell (DLM)

Das Digitale Landschaftsmodell (DLM) enthält Objekte und Informationen der Erdoberfläche in Vektorform. Es handelt sich dabei um originäre Messdaten (maßstabsfrei und nicht durch kartographische Bearbeitung verändert), die durch Name und Attribute näher beschrieben sind. Das DLM ist in sieben **Objektbereiche** gegliedert. Diese Objektbereiche sind untergliedert in Objektgruppen und Objektarten. Die Gesamtstruktur ist in einem Objektartenkatalog festgelegt.

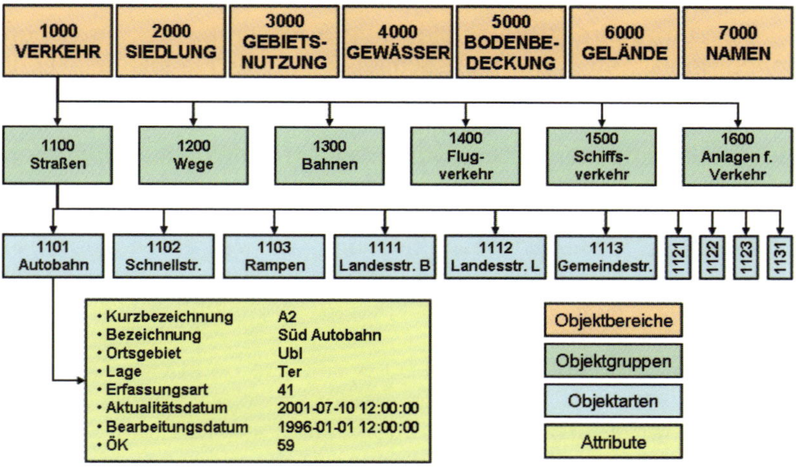

Abb 2.24a: Digitales Landschaftsmodell

Verfahren für die Datenersterfassung sind die digitale photogrammetrische Auswertung von Luftbildern (Maßstab ca 1 : 15.000 oder ca 1 : 30.000), die Digitalisierung von Orthophotos 1 : 10 000 und GPS-Messungen. Das DLM ist grundsätzlich maßstabsfrei, die geometrische Genauigkeit der Informationen ist aber abhängig von der Genauigkeit der Erfassungsgrundlage und -methode. Derzeit entspricht die Genauigkeit jener des KM 50 (siehe unten), sie wird aber im Zuge der flächenhaften Aktualisierung des DLM und KM 50 bei Luftsichtbarkeit durch photogrammetrische Auswertung oder mittels digitaler Orthophotos kontinuierlich verbessert. Die Standardabweichung beträgt dann ± 3 m. Jeder Objektteil ist mit dem Standardattribut „Art der Datenerfassung“ versehen, die sowohl die Erfassungsmethode und -genauigkeit als auch die Genauigkeit der Erfassungsgrundlage beschreibt.

4 Kartographisches Modell (KM)

Der hohe Informationsgehalt der amtlichen topographischen Kartenwerke wird digital in Form von kartographischen Modellen angeboten. Dementsprechend bedeutet das Kartographische Modell 1 : 50.000-Raster (KM 50-R) das Pixelbild der Österreichischen Karte 1 : 50.000 (ÖK 50).

Das KM 50-R ist entsprechend dem Farbaufbau der ÖK 50 strukturiert. Der Inhalt der Druckoriginale (Originalfolien, von denen eine Druckplatte hergestellt wurde) liegt getrennt nach Druckfarben in **Rasterdateien** vor.

Bis zum Jahre 1993 erfolgte die Fortführung der amtlichen topographischen Karten ausschließlich mittels analoger Technik. Nach Abschluss der Fortführung eines Kartenblatts lag für jede Druckfarbe eine Originalfolie vor, von der die entsprechende Druckplatte hergestellt wurde. Diese Originalfolien wurden blattweise mit einer Auflösung von 400 Linien/cm (1016 dpi) gescannt und im Rasterformat gespeichert. Seit 1996 werden alle Fortführungsentwürfe mittels digitaler Verfahren zuerst in den hochaufgelösten Rasterdatenbestand eingearbeitet, danach werden die Filme für die Druckplattenherstellung am Laserbelichter ausgegeben.

Standardausgaben des KM 50-R sind die gedruckte Österreichische Karte 1 : 50.000 und die Österreichische Karte 1 : 25.000. Von dem fortgeführten hochaufgelösten Datenbestand wird der Datenbestand mit niedriger Auflösung rechnerisch ermittelt.

5 Die staatlichen Kartenwerke

Die österr staatlichen topographischen Karten werden einheitlich und flächendeckend in den Maßstäben 1 : 25.000, 1 : 50.000, 1 : 250.000 und 1 : 500.000 herausgegeben. Die geodätische Grundlage der staatlichen Karten war früher das österr Referenzsystem mit Gauß-Krüger-Projektion. Die neuen staatlichen Karten werden im internationalen „World Geodetic System" mit UTM (Universal Transversal Mercator)-Projektion aufgelegt.

a Österreichische Karte 1 : 50.000 (ÖK 50)

Die Österreichische Karte 1 : 50.000 (ÖK 50) ist das **topographische Grundkartenwerk** Österreichs. Sie ist inhaltlich ident mit dem Kartographischen Modell 1 : 50.000-Raster (KM 50-R). Der kartographische Inhalt wird unmittelbar aus Luftbildauswertungen und Erhebungen von Topographen im Gelände erstellt und in regelmäßigen Abständen von 6 bis 8 Jahren aktualisiert.

Die Darstellung erfolgt durch verschiedene, in einem Zeichenschlüssel festgelegte Signaturen. Es werden Verkehrswege, Gewässer, Siedlungen, Einzelobjekte und Geländeformen abgebildet. Letztere werden durch Höhenschichtlinien, Felsdarstellung und Schräglichtschummerung visualisiert. Die Erfassung des Namensgutes erfolgt in Übereinstimmung mit öffentlichen und ortskundigen Stellen.

Abb 2.25: ÖK 50

Jedes der 191 Kartenblätter hat eine Ausdehnung von 20' x 12' und deckt eine Fläche von ca 560 km² ab. Die Karten sind mit UTM-Netz ausgestattet, das Bundesmeldenetz (modifiziertes Gauß-Krüger-Netz) ist im Kartenrahmen angerissen.

- Referenzsystem: World Geodetic System 1984 (WGS 84)
- Ellipsoid: Bezugsfläche Geodetic Reference System 80 (GRS 80)
- a = 6 378.137,000 m
- b = 6 356.752,314 m
- Projektionssystem: Universale Transversale Mercator Projektion (UTM)
- Bezugsmeridiane: 9° und 15° östlich von Greenwich (Zone 32 und 33)
- Höhenbezugssystem: Pegel von Triest

Für das Meldeverfahren erhält der Mittelmeridian die Bezeichnung E für East (östlich von Greenwich) und den Wert 500.000 m als Additionskonstante für positive Rechtswerte in der gesamten Zone. Der Hochwert gibt die Entfernung zum Äquator an.

b Österreichische Karte 1 : 25.000 (ÖK 25 V)

Die Österreichische Karte 1 : 25.000 (ÖK 25 V) entsteht durch Ausgabe des Kartographischen Modells KM 50 im Maßstab 1 : 25.000. Die Farbgebung ist der ÖK 50 angepasst. Die Karte zeichnet sich durch gute Lesbarkeit aus und ist als Wanderkarte mit Markierungsaufdruck oder als dreifarbige Karte für Planungszwecke erhältlich. Die Fläche einer ÖK 50 wird in vier Teilen einer ÖK 25 V abgebildet. Dabei wird die ÖK 50 in Westhälfte und Osthälfte geteilt und jeweils die Nordhälfte auf die Vorderseite und die Südhälfte auf die Rückseite gedruckt.

Abb 2.26: ÖK 25 V

c Österreichische Karte 1 : 250.000 (ÖK 250)

Die Österreichische Karte 1:250.000 besteht aus 12 Kartenblättern mit einer Ausdehnung von je 2°x1° im „Universalen Transversalen Mercator (UTM) - System“. Sie ist eine **topographische Übersichtskarte** mit Geländedarstellung durch Höhenschichtenlinien, Felsdarstellung und Reliefschummerung. Weitere Inhalte sind eine flächenhafte Siedlungsdarstellung, Gewässernetz, Verkehrswegenetz und geographische Namen von Siedlungen und wichtigen Objekten.

Das Kartenwerk zeichnet sich durch eine neuartige, den Einsatzzwecken des Krisenmanagements angeglichene Klassifikation des Straßen- und Wegenetzes aus. Diese Straßenklassifikation beinhaltet Informationen über Verbindungsbedeutung, Straßenbreiten, Engstellen, eingeschränkte Brückenbelastbarkeit und Durchfahrtshöhen, sowie außergewöhnliche Steigungen.

Die ÖK 250 ist einerseits die offizielle **Militärkarte** des Österreichischen Bundesheeres, steht aber auch den zivilen Kunden zur Verfügung. Vom staatlichen Krisen- und Katastrophenschutzmanagement wird dieses Kartenwerk als Basis für alle Planungen und Aktivitäten empfohlen. Die Karte wird vom Bundesamt für Eich- und Vermessungswesen und dem Institut für Militärisches Geowesen des Bundesministeriums für Landesverteidigung und Sport gemeinsam herausgegeben.

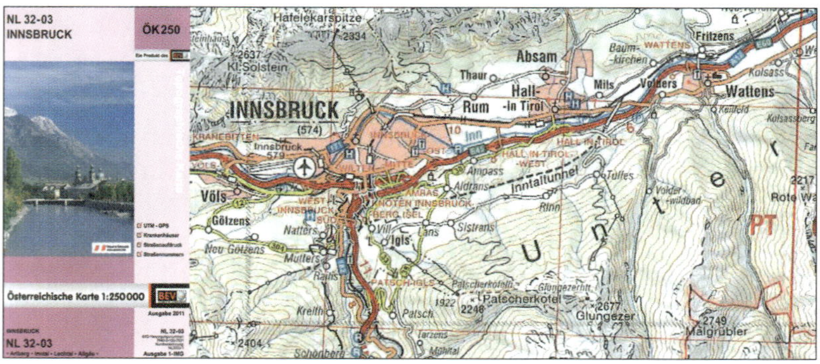

Abb 2.27: ÖK 250

d Übersichtskarte von Österreich 1 : 500.000 (ÖK 500)

Das gesamte Bundesgebiet ist auf einem Kartenblatt dargestellt. Die Abbildung erfolgt durch die winkeltreue Lambertsche Schnittkegelprojektion mit den beiden längentreuen Parallelkreisen in 46° und 49° nördlicher Breite.

Sie ist inhaltlich ident mit dem KM 500-R, dessen analoge Ausgabe sie ist, ergänzt durch Kartenrahmen, Kartenrandausstattung und Gitternetz. Sie wird in Abständen von 2 bis 3 Jahren aufgelegt.

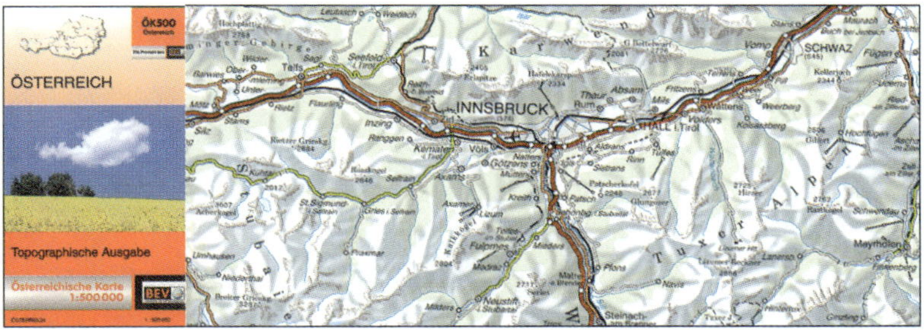

Abb 2.28: ÖK 500

e Austrian Map

Die Austrian Map beinhaltet alle Landkarten Österreichs auf einer DVD. Neben der hohen Qualität der staatlichen topographischen Landkarten Österreichs bietet sie eine bedienerfreundliche Benutzeroberfläche mit umfangreichen Funktionen, die auf Grund der verschiedenen Gestaltungsmöglichkeiten besonders im Freizeitbereich verwendet wird.

Abb: 2.29: A-map

f Austrian Map online

Die Austrian Map online ist eine Webanwendung [www.austrianmap.at] mit den Inhalten der staatlichen Kartenwerke, den Gemeindegrenzen sowie der Namendatenbank Geonam. Sie bietet die Möglichkeit, rund um die Uhr mit Hilfe von Landkarten einen gesuchten Ort in ganz Österreich zu finden. Die @ map-Funktion ermöglicht zusätzlich die Plazierung von Symbolen in der Karte und die Integration des Kartenausschnittes in ein E-Mail zB zur Festlegung eines Treffpunkts.

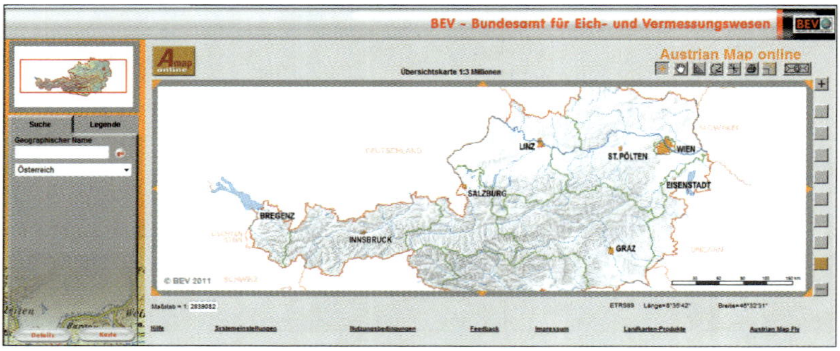

Abb 2.30: Einstiegsseite in Amap-online

g Geographische Namendatenbank (GeoNam)

Im Hinblick auf den universellen Gebrauch geographischer Informationssysteme benötigt die Öffentlichkeit allgemein anerkannte standardisierte geographische Namen. Dabei wird unter Standardisierung die Festlegung der Benennung geographischer Objekte und ihrer Schreibweise verstanden. Besondere Bedeutung kommt dabei den Siedlungsnamen zu.

Für die Festlegung der Namen von **Ortschaften** und Ortschaftsbestandteilen sowie deren Schreibweise sind in erster Linie die Gemeinden zuständig. Sonstige Siedlungsnamen und die **Bezeichnung topographischer Objekte** beruhen auf mündlichen Auskünften an die erhebenden Topographen des BEV im Zuge der Aktualisierung der staatlichen Kartenwerke.

Die in den Kartenwerken verwendeten geographischen Namen werden in linguistischer Hinsicht – und in Abstimmung mit der „Arbeitsgemeinschaft für Kartographische Ortsnamenkunde" der Österreichischen Kartographischen Kommission der Österreichischen Geographischen Gesellschaft – nach den Empfehlungen der Vereinten Nationen und der Österreichischen Raumordnungskonferenz (ÖROK-Empfehlung Nr 46 zur Standardisierung geographischer Namen, Wien 1998) unter Mitwirkung der Nomenklatur- und Ortsnamenskommissionen der Länder sowie der Landesarchive bearbeitet.

Die GeoNam ist Bestandteil des DLM. Der Datenbestand mit mehr als 100.000 geographischen Namen mit koordinativem Lagebezug ist thematisch nach Siedlungsnamen, Gebietsnamen, Bergnamen und Gewässernamen gegliedert und mit den Verwaltungseinheiten in räumlichen Bezug gesetzt. Soweit die Objekte kotiert sind, ist auch der Höhenwert angegeben.

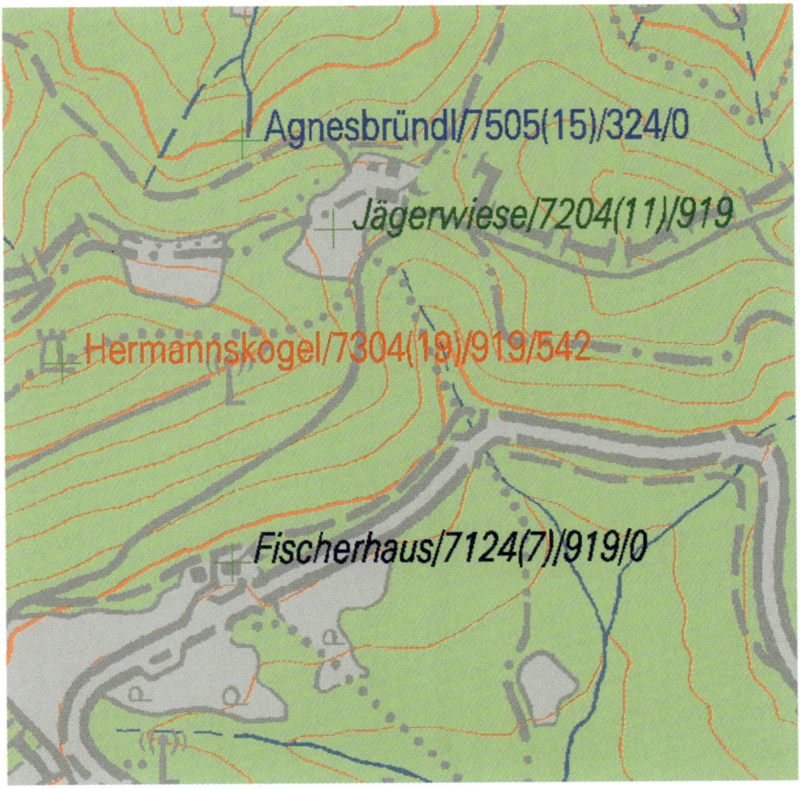

Abb 2.31: DLM-Objektbereich Namen

III Entwicklung des Katasters

Seit Menschen sesshaft wurden, Häuser bauten und Ackerbau betrieben, stellten sich Besitzfragen und wurde vermessen. Die **Landregistrierung** setzt mit der Verwaltung von knapp werdenden Gütern ein: Sei es das durch die Zunahme der Bevölkerung knapper werdende Land und die intensivere Bewirtschaftung landwirtschaftlicher Flächen, sei es die Geldnot des Staates, die zur Geldbeschaffung für die Staatskasse durch Besteuerung von Grund und Boden oder der land- und forstwirtschaftlichen Produktion führt.

Die **Vermessungstechnik** wird dort eingesetzt, wo die Abgrenzung des Einzelbesitzes in der Natur unbeständig ist (Wiederherstellung der Besitzgrenzen zB nach den Nilüberschwemmungen oder nach dem Sturz totalitärer Systeme) oder wo es darum geht, neues Land aufzuteilen (zB römische Landnahme und „limitatio" des Bodens oder die Schaffung von „claims" in Nordamerika). Schon im 3. Jhdt v Chr existierten in Mesopotamien und Babylon Katasterkarten als Steuergrundlage oder zur Sicherung von Landbesitztiteln.

A Ägyptisches Reich

Die jährlichen Nilüberschwemmungen erzwangen schon in altägyptischer Zeit die Entwicklung von Vermessungsmethoden, um das Land nach den Überschwemmungen wieder den Eigentümern zuweisen zu können. Darüber berichtet der griechische Geschichtsschreiber Herodot (484-425 v Chr) in seinen „Historien". Die dabei gemachten Aufzeichnungen wurden auch für Steuerzwecke verwendet.

Abb 3.1: Ägyptische Briefmarke mit Darstellung einer Feldervermessung mit Messstrick

Den Schriften Demokrits (ca 400 v Chr) ist zu entnehmen, dass Seilknüpfer (Harpenodapten) Messstricke mit Knoten in regelmäßigen Abständen herstellten. Mit diesen Messstricken wurden die Ackervermessungen durchgeführt und die Grundstücksgrenzen im Gelände neu festgesetzt.

B Römisches Reich

Es begab sich aber in jenen Tagen,
dass ein Gebot von Kaiser Augustus ausging,
dass alle Provinzen des Reiches eine Steuer zu zahlen hätten.
Diese Steuer war neu,
und zum ersten Mal wurden die Völker in Listen erfasst
in der Zeit, in der Quirinius Statthalter des Kaisers in Syrien war.
(Lukas 2, 1-2)

Kaiser Augustus (63 v Chr - 14 n Chr) befahl die Erfassung der Bevölkerung des Römischen Reiches als Steuersubjekte. Die römischen Agrimensoren hatten die katastralen Vermessungen der unter römische Herrschaft gefallenen Länder durchzuführen.

Die Verteilung neuen Landes erfolgte durch die „Limitatio", die auf Vermessung und geographischer Dokumentation beruhte. Das dafür verwendete lokale Koordinatensystem wurde auch für die Nummerierung der Grundstücke herangezogen. Die Abgrenzung der Grundstücke erfolgte durch Wege, Steine, Bäume usw. Auf die Beseitigung von Grenzzeichen standen hohe Strafen.

Abb 3.2: Ein römischer Legionär bei der Vermessung mit der Groma

Heer, Beamtentum, Verpflegung der Hauptstadt und die rege Bautätigkeit kosteten zunehmend mehr Geld. Daher bedurfte es auch einer Finanzreform. Die **Grundsteuer** bildete den Kern des neuen Steuersystems. Die Veranlagung der Steuer geschah in einem alle fünf Jahre wiederkehrenden kaiserlichen **Zensus** durch kaiserliche Kommissare. Der Vorgang der Schätzung war folgender: Die Bürger traten in der Reihenfolge der Stadt- und Landbezirke (Tribus) auf dem Marsfeld an und nannten Namen, Alter, Heimat, Familien- und Vermögensstand. Diese Selbsteinschätzung überprüften die Zensoren und stellten die Listen der Senatoren, Ritter und Bürger nach Vermögensklassen auf. Falsche Angaben wurden mit hohen Geldstrafen belegt. Nach dem Vermögen wurde die Abgabe (Tributum) bestimmt.

C Mittelalter

Über die Vermessung im frühen Mittelalter wissen wir wenig. Erhalten sind Urbare (Listen), in denen die Einkünfte der Landesherren verzeichnet wurden. Verträge über städtischen Grundbesitz wurden in chronologische Verzeichnisse eingetragen. Diese Verzeichnisse, die individuelle Privatrechte dokumentieren, sind die Vorläufer der heutigen Grundbücher. Ab dem **12. und 13. Jhdt** übernahmen Landtafeln, Gültbücher, Dominikal-, Rustikal- und Stadtbücher sowie Urbarien teilweise auch Steuerfunktionen. Inwieweit dabei auch Vermessungen vorgenommen wurden, ist nicht bekannt.

D Vorläufer des Franziszeischen Katasters

In Mitteleuropa wurden vereinzelt im 18. Jhdt, flächendeckend erst im 19. Jhdt, einwandfreie **Grundsteuerkataster** angelegt, weil bis dahin die Instrumententechnik noch nicht so weit fortgeschritten war, nicht genügend Geometer zur Verfügung standen und es erst der Absolutismus ermöglichte, dass die Landesfürsten eine möglichst gleichmäßige Besteuerung gegen den Widerstand der Grundherren durchsetzten. Durch die Bereitstellung genauer Grundstücksflächen sollte die Einhebung der Steuern auf gerechter Grundlage erfolgen.

Die **Grundsteuer** zählt zu den ältesten öffentlichen Abgaben, weil schon früh klar war, dass eine gerechte, auf dem Ertrag basierende Festsetzung der Grundsteuer die wirtschaftliche Entwicklung vorantreibt. Ein Grundsteuerkataster erfordert die Bildung von Grundstücken als Objekt der Besteuerung und von Klassifikationstarifen. Neuere Katastersysteme, zu denen schon der Franziszeische Grundsteuerkataster zählt, enthalten nicht nur die produktiven, sondern auch die unproduktiven Grundflächen wie Strassen und Wege, Gewässer, Ödland usw.

1 Mailänder Kataster

The survey of the dutchy of Milan,
which was begun in the time of Charles VI.
was not perfected till after 1760.
It is esteemed one of the most accurate that ever been made.
(Adam Smith, An Inquiry into the Nature and Causes
of the Wealth of Nations, Vol 2 (1776), 435)

Die auf Grund der zahlreichen kriegerischen Auseinandersetzungen leeren Staatskassen und die sich langsam entwickelnden Bürgerrechte führten im 18. Jhdt zu großen Entwicklungsschüben. Der Kampf gegen die Türken und gegen Frankreich hatte die Finanzkraft Österreichs sehr beansprucht. Der spanische Erbfolgekrieg hatte die finanziellen Möglichkeiten Österreichs völlig erschöpft und konnte nur durch Anleihen finanziert werden. Die Regierung musste sich daher Einnahmen verschaffen, die nicht bloß zufällig flossen, sondern mit denen man regelmäßig rechnen konnte.

1718 führte die österreichische Verwaltung in ihren italienischen Provinzen ein Katastersystem für alle Gebäude und produktiven Grundstücke ein. Dieser „**Mailänder Kataster**“, der auf einer Vermessung und zeichnerischen Darstellung basierte, wurde von Johann Jakob Marinoni geleitet.

Abb 3.3: Mappe des Mailänder Katasters, Blatt Gorgonzola

In nur drei Jahren wurden 20 000 km² vermessen (etwa die Größe von Niederösterreich). Der Mailänder Kataster mit seiner auch aus heutiger Sicht durchaus modernen Konzeption ist der Beginn einer systematischen Katastervermessung.

Hinweis

In Mailand wird dieser Kataster als „Catasto Teresiano“ bezeichnet, weil er 1760 in der Regierungszeit von Maria Theresia in Kraft gesetzt wurde.

2 Theresianischer Kataster

Maria Theresia (1717 – 1780) wollte mit ihrer Steuerreform die Willkür der herrschaftlichen Grundeigentümer brechen und die Steuerpflicht zwischen dem herrschaftlichen oder Dominikalbesitz (Stände) und dem bäuerlichen oder Rustikalbesitz gleichmäßig und gerecht aufteilen. Die im Jahr 1748 eingeleiteten und im Jahr 1756 in den meisten Kronländern in Kraft getretenen Maßnahmen zu einer einheitlichen Grundbesteuerung werden als Theresianische Steuerrektifikation und die dabei entstandenen Grundlagen als **Theresianischer Kataster** bezeichnet. Er bestand aus sogenannten Fassionen (Selbstbekenntnisse der Grundeigentümer) und Kapitalschätzungen. Abgesehen von einigen Ausnahmen gab es keine Vermessung und zeichnerische Darstellung (Mappierung).

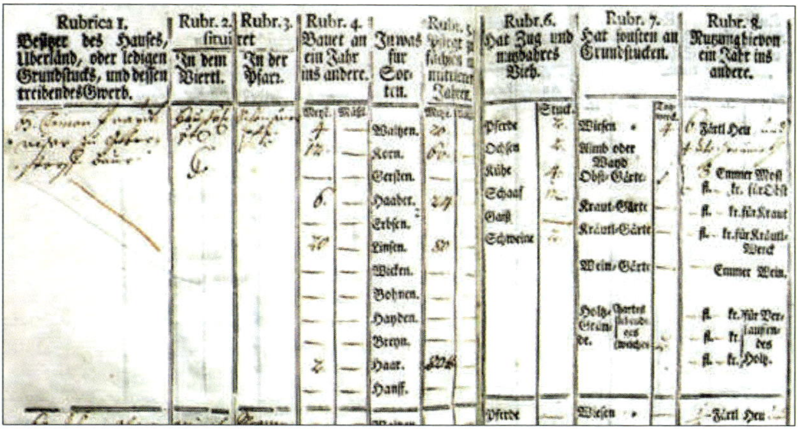

Abb 3.4: Theresianisches Gültbuch der Herrschaft Parz (1749)

3 Josephinischer Kataster

Kaiser **Josef II.** (1741 – 1790) wollte ein einheitliches, gerechtes und gleiches Steuersystem auf der Grundlage des realen Ertrages ohne Ansehen der sozialen Stellung des Grundeigentümers einführen. Die Grundsteuerregulierung („**Josephinischer Kataster**“) wurde zwischen 1785-1789 – ohne geometrische Dokumentation – durchgeführt, trat am 1.11.1789 in Kraft und wurde bereits am 1.5.1790 durch Leopold II. auf Druck der Großgrundbesitzer wieder aufgehoben. Mit einigen Abänderungen trat das frühere Steuersystem wieder in Kraft.

In einigen Länder wurde der Josephinische Kataster als sog „**Allgemeines Grundsteuerprovisorium**“ wieder eingeführt und behielt seine Gültigkeit bis zum Inkrafttreten des „Stabilen Katasters“.

Brünner Kreis. **Fassionstabelle.** **Herrschaft Altbrünn.**

Gemeinde Zbraßlau.

Nr. der topographischen Ordnung	Name des Grundbesitzers und des Grundstückes. Nro. des Hauses.	Benennung	Anzahl	Ausmessung			Äcker						Wiesen				Weingärten			Waldungen			
				durch die Bauern		durch die Ingenieurs	Betrag an		Körnererträgniß				Betrag an		Heu	Grumet	Betrag an		Wein	Betrag an		Holz	
				Klafter					Metzen													Klafter	
		des dermaligen Grundmaßes		in die Länge	in die Breite	Klafter	Jochen	□Klafter	Waitzen	Korn	Gerste	Haber	Jochen	□Klafter	Zentner		Jochen	□Klafter	Eimer	Jochen	□Klafter	hartes	weiches
1	Peter Grundner am Schwarzfeld neben dem Kreuz Nro. 1	Metzen	25	165	80	.	8	400	125	.	125	.	.	.	.	.	.	.	.	.	.	.	.
2	Anton Ramsauer am Langfeld nächst dem Kirchhof Nro. 4 .	Joch	1	100	16	.	1	.	.	21	.	24	.	.	.	.	.	.	.	.	.	.	.
3	Johann Rauer am Mooß nächst dem Anton Ramsauer Nro. 7	Tagwerck	1	65	25	.	.	.	.	.	.	.	1	25	20	10	.	.	.	.	.	.	.
4	Josef Postelbauer am Steinrigel nächst dem Gemeinwald Nro. 78	Viertel	1	40	20	.	.	.	.	.	.	.	.	.	.	.	.	800	15	.	.	.	.
5	Herrschaft Altbrünn Nonnenwald	Metzen	200	.	.	110.790	.	.	.	.	.	.	.	.	.	.	.	.	.	69	390	24	45
	Summe..	.	.	370	141	110.790	9	400	125	21	125	24	1	25	20	10	.	800	15	69	390	24	45
	Ganze Aernte in 2 Jahren	.	.	.	.	.	.	.	.	.	295 Metzen												
	Aernte auf 1 Jahr	.	.	.	.	.	.	.	.	.	147½ Metzen												
	Durchschnitt auf ein Joch	.	.	.	.	.	.	.	.	.	16 Korn												
	Und auf einen Metzen	.	.	.	.	.	.	.	.	.	5½ Korn												

Richtig befunden.
Kaiserl. königl. Kreiskommission.

N. N.
Oberamtmann.

N. N. Richter im Namen der ganzen Gemeinde.
N. N. Geschworner.
N. N. Geschworner.

Abb 3.5: Fassionstabelle des josephinischen Katasters

E Der Franziszeische Kataster oder Grundsteuerkataster

Der Anstoß für die allgemeine Anlegung eines Grundsteuerkatasters ging von Frankreich aus. Napoleon I. ordnete 1808 eine allgemeine Vermessung der Grundstücke, die Erstellung von Karten und die Anlegung eines Steuerkatasters an. Nur kurze Zeit später folgten andere europäische Länder, Österreich mit dem „Grundsteuerpatent“ vom 23. Dezember 1817.

Mit dem **Grundsteuerkataster** begann die systematische Erfassung von Objekten (Grundstücken) und deren Vermessung. Zum ersten Mal wurde das gesamte Land – auch steuerfreie Grundflächen – graphisch dargestellt; damit war die Vollständigkeit der Steuerobjekte garantiert. Von Anfang an wurde der Kataster so angelegt, dass er als vollständiger Nachweis aller Grundstücke des Reiches über die steuerliche Bedeutung hinaus vielseitig verwendet werden konnte.

Die oberste Leitung der Arbeiten oblag der Grundsteuerregulierungs-Hofkommission.

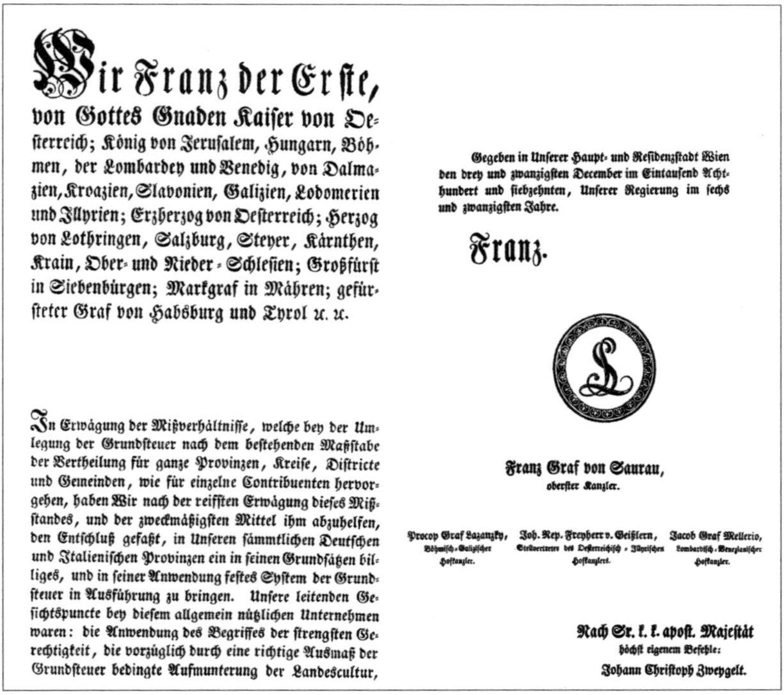

Wir Franz der Erste,
von Gottes Gnaden Kaiser von Oesterreich; König von Jerusalem, Hungarn, Böhmen, der Lombardey und Venedig, von Dalmazien, Kroazien, Slavonien, Galizien, Lodomerien und Illyrien; Erzherzog von Oesterreich; Herzog von Lothringen, Salzburg, Steyer, Kärnthen, Krain, Ober- und Nieder-Schlesien; Großfürst in Siebenbürgen; Markgraf in Mähren; gefürsteter Graf von Habsburg und Tyrol ꝛc. ꝛc.

In Erwägung der Mißverhältnisse, welche bey der Umlegung der Grundsteuer nach dem bestehenden Maßstabe der Vertheilung für ganze Provinzen, Kreise, Districte und Gemeinden, wie für einzelne Contribuenten hervorgehen, haben Wir nach der reifsten Erwägung dieses Mißstandes, und der zweckmäßigsten Mittel ihm abzuhelfen, den Entschluß gefaßt, in Unseren sämmtlichen Deutschen und Italienischen Provinzen ein in seinen Grundsätzen billiges, und in seiner Anwendung festes System der Grundsteuer in Ausführung zu bringen. Unsere leitenden Gesichtspuncte bey diesem allgemein nützlichen Unternehmen waren: die Anwendung des Begriffes der strengsten Gerechtigkeit, die vorzüglich durch eine richtige Ausmaß der Grundsteuer bedingte Aufmunterung der Landescultur,

Gegeben in Unserer Haupt- und Residenzstadt Wien den drey und zwanzigsten December im Eintausend Achthundert und siebzehnten, Unserer Regierung im sechs und zwanzigsten Jahre.

Franz.

Franz Graf von Saurau,
oberster Kanzler.

Procop Graf Lazanzky, Böhmisch-Galizischer Hofkanzler.

Joh. Nep. Freyherr v. Geißlern, Stellvertreter des Oesterreichisch-Illyrischen Hofkanzlers.

Jacob Graf Mellerio, Lombardisch-Venezianischer Hofkanzler.

Nach Sr. k. k. apost. Majestät
höchst eigenem Befehle:
Johann Christoph Zweygelt.

Abb 3.6: Grundsteuerpatent (erste und letzte Seite)

Hinweis

Der Grundsteuerkataster wird nach Franz I. (1768 - 1835) auch „**Franziszeischer Kataster**“ genannt. Da die Steuerbemessung für jedes Grundstück – unabhängig von späteren Bodenverbesserungen – konstant oder „stabil“ bleiben sollte, wird er auch als „**Stabiler Kataster**“ bezeichnet.

1 Triangulierung

Vor der Detailvermessung fand eine trigonometrische Triangulation statt, die auch für die gleichzeitig stattfindende Landesaufnahme notwendig war. Ausgehend von vier Militärtriangulierungen (Wiener Neustadt, Wels, Radautz und Hall) wurde das Netz verdichtet und mittels trigonometrischer und graphischer Punkte ein rechtwinkeliges ebenes **Koordinatensystem** berechnet, bei der die Erdkrümmung unberücksichtigt blieb.

Die trigonometrische Triangulierung wurde von den Ingenieuren des 1818 geschaffenen Triangulierungs- und Calcul-Bureaus bis einschließlich des Netzes 3. Ordnung durchgeführt, um 3 trigonometrische Punkte in jeder Quadratmeile (4000 x 4000 Klafter) zu bestimmen.

Für das heutige österreichische Staatsgebiet waren folgende **Koordinatenursprünge** maßgeblich:

- für Wien und Niederösterreich der Turm des Stephansdoms in Wien
- für Oberösterreich und Salzburg, sowie für Böhmen der Gusterberg bei Kremsmünster
- für die Steiermark der Schöckl bei Graz
- für Kärnten der Krimberg bei Laibach
- für Tirol und Vorarlberg der südliche Turm der Pfarrkirche in Innsbruck
- für das Burgenland (damals Ungarn) der östliche Turm der Sternwarte Budapest

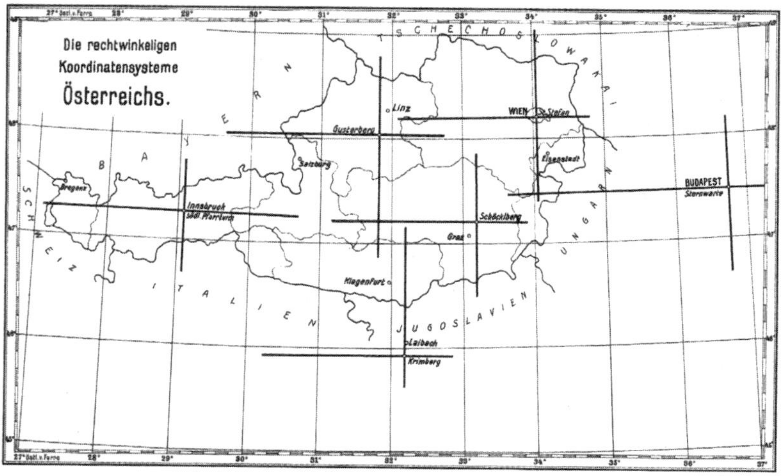

Abb 3.7: Koordinatensysteme

Jede Quadratmeile wurde in 20 Aufnahmesektionen oder Mappenblätter geteilt. Diese Rechtecke hatten eine Seitenlänge von 1000 (Ost-West) x 800 (Nord-Süd) Klaftern und einen Flächeninhalt von 500 nö Joch. Bei der graphischen Triangulierung mussten für jede der 20 Aufnahmssektionen 3 Punkte graphisch bestimmt werden.

2 Detailvermessung

Gegenstand der Vermessung waren die Grenzen der Gemeinden, die Grenzen der Parzellen (Grundstücks- und Bauparzellen mit Vermessung der Gebäude und Hofräume), fixe Objekte wie

Brücken oder Feldkreuze, Eisenbahnen, öffentliche Straßen und Wege und die Ufer der Gewässer. Eine Instruktion vom Jahre 1818 enthielt die Vorschriften über die Vermessung in 477 Paragraphen. Sie wurde durch verbesserte Auflagen an technische Neuerungen und neue gesetzliche Vorschriften angepasst.

Die „**Instruktionen** zur Ausführung der Katastralvermessung“ von 1824 bzw 1865 geben detaillierte Anweisungen zur Abwicklung der Grenzfestlegung und Auspflockung der einzelnen Grundstücksgrenzen. Der Grundsatz der Grenzfeststellung durch die Betroffenen, der systematischen Kennzeichnung und der kontrollierten, überbestimmten Vermessung der Grenzpunkte sowie eines durchgreifenden Revisionsprozesses spiegelt sich im gesamten Vermessungsoperat des Franziszeischen Katasters wieder.

Vor der Detailaufnahme erstellte der Vermessungsingenieur für jede Aufnahmssektion ein geodätisches Netz mit Dreiecken von ungefähr 200 Klaftern Seitenlänge.

a Festlegung der Gemeindegrenzen

Die **Katastralgemeinden** sind die Steuergemeinden zur Zeit der Vermessung. Wenn jedoch die Fläche einer Gemeinde geringer als 500 Joch (entspricht einem Mappenblatt) war, eine Gemeinde ganz von einer anderen Gemeinde umschlossen war oder in diese unförmig hineinragte, oder wenn Grundstücke verschiedener Gemeinden vermengt waren, legte man Gemeinden zusammen.

Erster Schritt der Detailvermessung war die Festlegung der Gemeindegrenzen. Die Gemeinden hatten ihre Grenzen noch vor Eintreffen der Grenzbeschreibungs-Kommission abzugehen, die beschädigten Grenzmarken auszubessern, die noch nicht abgemarkten Grenzzüge mit Beiziehung der Nachbargemeinden durch Errichtung neuer Grenzzeichen bemerkbar zu machen, verwachsene Grenzen auszulichten und Grenzstreitigkeiten auszugleichen.

Darauf aufbauend erfolgte die kommissionelle Begehung mit den jeweiligen politisch Verantwortlichen der betroffenen Gemeinden und die ⇨ „**Vorläufige Grenzbeschreibung**“.

Nach Abschluss der Vermessungsarbeiten wird in der Kanzlei die „Definitive Grenzbeschreibung“ hergestellt. In dieser tabellarischen Aufstellung sind Details zu jeder Grenzmarke und zu den faktischen Besitzern, auf deren Grund diese Grenzmarke steht, enthalten und der Grenzverlauf (zB steil, Wegmitte, ...) unter Angabe der Entfernung zwischen den Grenzmarken im Schrittmaß beschrieben.

Die Erfahrung zeigt, dass die beiden Grenzbeschreibungen durchaus von einander abweichen können, wobei der provisorischen Grenzbeschreibung in Ansehung ihrer Verifizierung an Ort und Stelle die größere Bedeutung zukommt.

b Grundstücksvermessung

Die Vermessung geschah ried- oder gemeindeweise durch graphisches Vorwärtseinschneiden mit dem **Messtisch** im Maßstab 1:2880 („zehnfaches Militärmaß").

Abb 3.8: Messtischaufnahme

Man legte zunächst eine Standlinie [AB] fest und maß ihre Länge. Nun visierte man von A aus den Punkt B (Fluchtstab) mit dem Visierlineal an und zeichnete damit eine Gerade. Dann visierte man den Punkt C an und zeichnete wieder eine Gerade. Anschließend wechselte man zu Punkt B, legte das Visierlineal an die gezeichnete Gerade und stellte den Messtisch so ein, dass die Visierlinie A traf. Nun visierte man C an und zeichnete die entsprechende Linie ein. Auf dem Zeichenblatt war nun ein Dreieck A'B'C' gezeichnet, das dem Dreieck im Gelände ähnlich war.

Die **Besitzgrenzen** waren von den Grundeigentümern vor der Detailvermessung einvernehmlich zu bezeichnen. Der Vermessungsadjunkt pflockte die Parzellen unter Mitwirkung der Gemeinde aus und hielt in einer **Feldskizze** folgendes fest: Konfiguration der Parzellen, Namen der Eigentümer, Hausnummern, gesetzliche Eigenschaft des Bodens (Dominikal- oder Rustikalgrund), Nummern der Pflöcke und Längen der gemessenen Strecken.

Nach dem Ende der Vermessung wurde eine **Reambulierung** (Prüfung und eventuelle Ergänzung) der Vermessungs- und Erhebungsergebnisse vorgenommen.

Wie kam es zum Maßstab 1 : 2880?

Auf der Katastralmappe entspricht 1" (Zoll) gleich 40° (Klafter) in der Natur; da 1° (Klafter) gleich 72" (Zoll) sind, so sind 40° (Klafter) gleich 72 mal 40 = 2880" (Zoll).
Ausnahmen gab es sowohl für Gemeinden mit minderwertigen Kulturen und großen Parzellen (1:5760) als auch für Gemeinden mit wertvollen Kulturen oder kleinen Parzellen (1:1440 oder auch 1:720).

Historische österreichische Maße

1° (Klafter) = 6´ (Fuß oder Schuh) = 1,896 m
1´ (Fuß oder Schuh) = 12´´ (Zoll) = 0,316 m
1´´ (Zoll) = 12´´´ (Linien) = 26,34 mm
1´´´ (Linie) = 12^{IV} (Punkt) = 2,19 mm
1^{IV} (Punkt) = 0,18 mm
1Nö Joch = 5754,642 m^2

c Katastralmappenarchiv

Zur Verwahrung und Verwaltung der Vermessungs- und Schätzoperate des Franziszeischen Katasters wurden im Jahr 1822 Provinzialmappenarchive und 1833 das Zentralmappenarchiv in Wien errichtet. Da Zentralmappenarchiv wurde 1970 aufgelöst. Die Bestände gingen an das Katastralmappenarchiv (Katasterarchiv) im BEV und die Landesarchive.

d Arbeitsumfang

Die Franziszeische Katastralvermessung wurde von 1817 – 1861 in der damaligen Monarchie (mit Ausnahme Ungarns) bei einer Fläche von 300 082 km^2 und ca 30 000 Katastralgemeinden durchgeführt. (Das heutige Staatsgebiet Österreichs umfasst 83 894 km^2 in 7 846 Katastralgemeinden.)

Länder	Umfang der Arbeiten			Dauer der Arbeiten		Durchschnittlicher Einsatz von Arbeitspartien/Jahr	Durchschnittliche Leistung einer Arbeitspartie	
	Anzahl der Katastral-Gemeinden	Fläche in ha	Anzahl der Grundstücke	In den Jahren	Anzahl der Jahre		Kat. Gemeinden/Jahr	AE/Tag Basis: 175 Tage Feldarbeit/Jahr
Niederösterreich	3.159	1,978.500	3,462.496	1817—1824 1828	9	90	3,9	24,6
Oberösterreich Salzburg	1.562	1,916.300	2,618.844	1823—1830	8	57	3,4	33,2
Steiermark	2.692	2,249 500	2,540.984	1820—1825	6	96	4,8	24,4
Tirol Vorarlberg	1.051	2.929.100	2,462.107	1855—1861	7	79	1,9	25,8
Kärnten Krain	1.738	2,032.500	2,616.749	1822—1828	7	78	3,2	27,7
Küstenland	645	795.900	1,685.266	1818—1822	5	88	1,5	22,0
Dalmatien	744	1,279.300	2,381.495	1823—1830 1834—1837	12	26	2,4	44,5
Böhmen	8.967	5,195.300	9,321.064	1826—1830 1837—1843	12	100	7,5	44,6
Mähren Schlesien	3.724	2,737.500	6,038.454	1824—1830 1833—1836	11	69	5,0	45,8
Galizien	5.955	7,849.300	15,211.974	1824—1830 1844—1854	18	113	2,9	42,9
Bukowina	319	1,045.000	798.707	1819—1823 1854—1856	8	20	2,0	30,3
Gesamtsumme	30.556	30,008.200	49,138.140					

Abb 3.9: Ergebnisse der Franziszeischen Katastralaufnahme

Die Einführung des Grundsteuerkatasters in den ungarischen Landesteilen wurde 1850 angeordnet und bis 1858 weitgehend abgeschlossen. Das Vermessungsgebiet der gesamten österreichisch-ungarischen Monarchie umfasste 670.000 km^2.

Abb 3.10: Übersicht über die Katasterarbeiten in der österr Monarchie 1864

3 Operate des Franziszeischen Katasters

Das Katasterarchiv verwahrt heute neben zahlreichen historischen Karten, Feldskizzen, Plänen und Dokumenten die 53 200 Blätter der Urmappe des Franziszeischen Katasters des gesamten österreichischen Staatsgebiets und das zugehörige Schriftoperat (Parzellenprotokolle) von Wien, Niederösterreich und Burgenland. Die Schriftoperate der anderen Bundesländer lagern in den Landesarchiven.

a Vorläufige Grenzbeschreibung

Ein Jahr vor Beginn der Detailaufnahme wurden die Grenzen der Katastralgemeinden durch eine Kommission begangen und festgelegt. Das Ergebnis wurde in der „Vorläufigen Grenzbeschreibung" festgehalten und von allen Teilnehmern an der Begehung unterzeichnet.

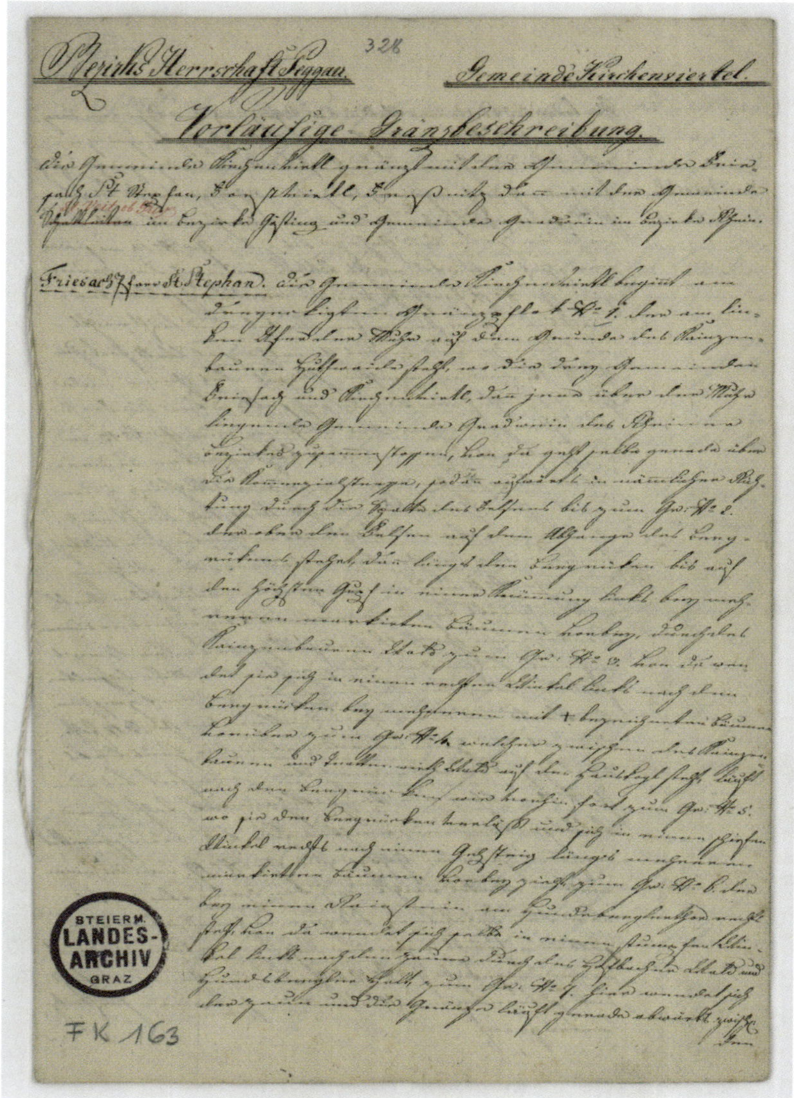

Abb 3.11: Vorläufige Grenzbeschreibung der Gemeindegrenze Kirchviertel und Friesach 1. Seite

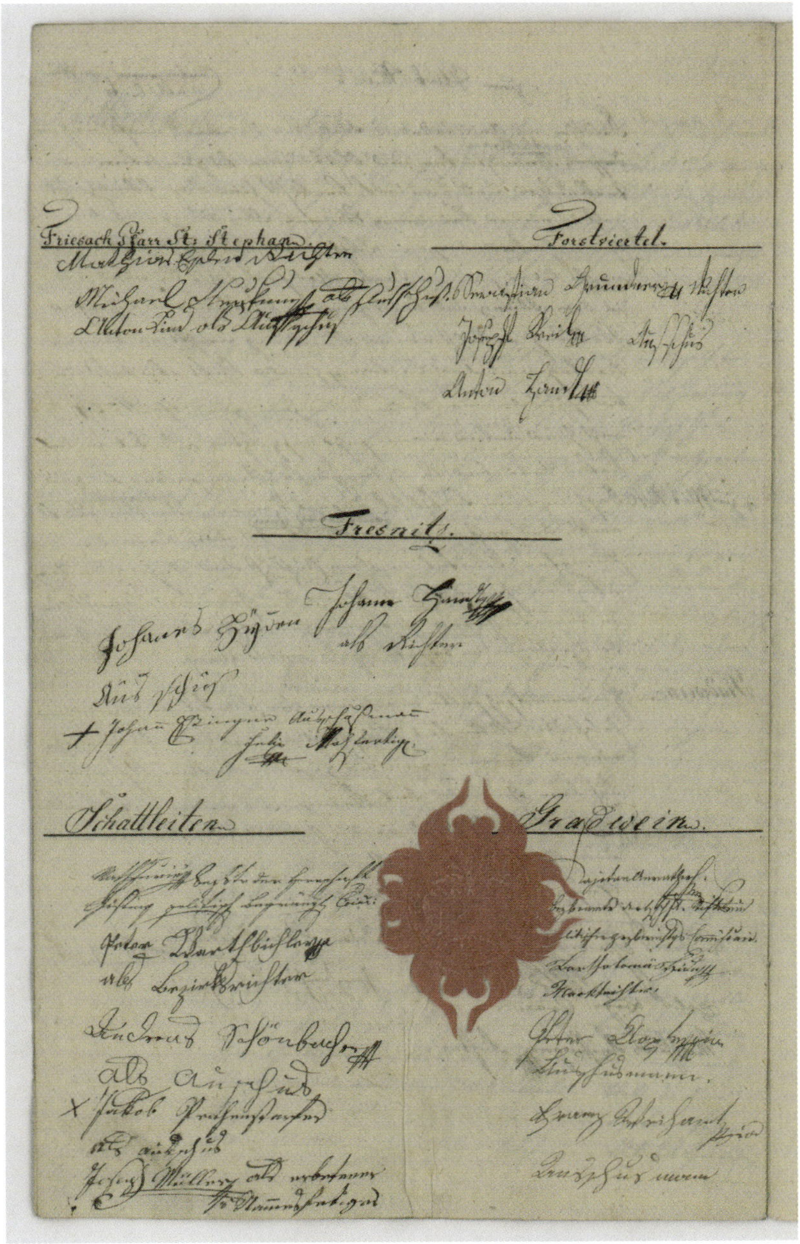

Abb 3.12: Vorläufige Grenzbeschreibung, Schlussblatt

Textauszug aus der Grenzbeschreibung (zu Abb 3.11)

Bezirkshauptmannschaft Peggau Gemeinde Kirchenviertel

Vorläufige Grenzbeschreibung

Die Gemeinde Kirchenviertel grenzt mit der Gemeinde Friesach St. Stefan, Forstviertel, Freßnitz, dann mit der Gemeinde St. Veit ob Graz (früher Schattleiten) im Bezirk Gösting und Gemeinde Gratwein im Bezirk Rhein.

Friesach Pfarre St. Stephan.

Die Gemeinde Kirchenviertel beginnt am dreieckigen Grenzpflock Nr. 1, der am linken Ufer der Mur auf dem Grunde des Kainzenbauer Hutweide steht, wo die drei Gemeinden Friesach und Kirchenviertel, dann jene über der Mur liegende Gemeinde Gratwein des Rheiner Bezirkes zusammenstoßen, von da geht selbe gerade über die Kommerzialstraße, sodann aufwärts in nämlicher Richtung durch die Spalte des Felsens bis zum Grenzpflock Nr. 2, der ober dem Felsen auf dem Abhange des Bergrückens steht, dann ...

Schlussblatt (zu Abb 3.12)

Frießach Pfarre St. Stephan
Mathias Eschen, Dechant
Michael Kaufmann als Ausschuß
Anton Lind als Ausschuß

Forstviertel
Sebastian Grunderer, Richter
Joseph Kreil Ausschuß
Anton Handl Aus.

Freßnitz
Johann Hyden Ausschuß
Johann Handl als Richter
+ Johann Ebinger Ausschussmann
Felix Maßfertiger

Schattleiten (St. Veit ob Graz)
Kertschnigg Eng. Str. der Herrschaft Gösting, politisch. Begehungs Coär.

Peter Warbichler
Als Bezirksrichter
Andreas Schönbacher
Als Ausschuß
X Jakob Prahensdorfer
Als Ausschuß
Joseph Müller als erbetener Namensfertiger

SIEGEL

Gratwein
Kajetan Anrather
Bezirksbeamter der Hersch. Stift Rein, polit. Grenzber. Commissär
Bartolomäus Hiden
Marktrichter
Peter Clogitzer
Ausschussmann
Franz Weichart, Prior
Auschußmann

b Feldskizze

Abb 3.13: Feldskizze

Die Feldskizze entstand bei der Vermessung auf dem Feld. Sie ist nicht maßstäblich gezeichnet und enthält *„die Gestalt der Parcellen nach dem Augenmaße und die Nummern der Pflöcke“*, die Namen der Besitzer und Kontrollmaße. *„Eine volle Section hat aus vier einzelnen Feld=Skizzen zu bestehen“*.

c Urmappe

Abb 3.14: Urmappe

Die Urmappe ist das Originalzeichenblatt aus handgeschöpftem Papier im Format 53 cm x 66 cm, auf das der Vermesser alle Grenzpunkte der Eigentums- sowie der Kulturgrenzen und ebenso die Bauwerkseckpunkte im Maßstab 1:2880 auftrug. Die Urmappe gilt als Kulturgut im Sinne der Haager Konvention.

Von 1861 bis 1871 wurden Änderungen im Zuge der Reambulierung in zinnoberroter Farbe eingearbeitet.

d Indikationsskizze

Abb 3.15: Indikationsskizze

Der Adjunkt oder Messgehilfe zeichnete die Indikationsskizze parallel zur Urmappe auf Kartenpapier. Die Namen und Anschriften der Grundeigentümer und die Grundstücksnummern wurden eingetragen.

Im Winterhalbjahr wurden daraus die Schriftoperate (Parzellenprotokoll, Eigentümerverzeichnis, Häuserverzeichnis, Grundbesitzbogen, Kulturflächenausweis ...) angelegt. Auf der Rückseite jedes Blattes mussten die Indikatoren (ortsansässige Bewohner, die die Grenzpunkte jedes Grundstücks anzeigten) die Richtigkeit der Arbeit bestätigen.

Erste Änderungen und Nachträge wurden auf den Indikationsskizzen in roter Farbe eingetragen, Grundstücksunterteilungen mit lateinischen Kleinbuchstaben. Bei Wohnhäusern ist die

Hauskante, wo sich der Eingang befand, dick ausgezogen. Holzgebäude tragen gelbe und gemauerte Gebäude rote Farbe.

e Riedübersicht

Das Deckblatt (auch als Parzellierungs-Croquis bezeichnet) der Indikationsskizze enthält eine Riedübersicht in zeichnerischer Darstellung.

f Parzellenprotokoll

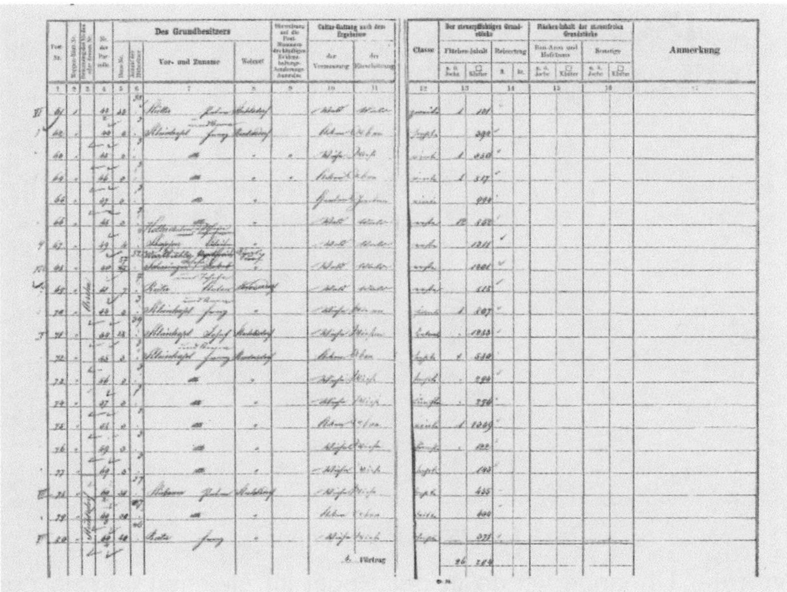
Des Grundbesitzers
Vor- und Zuname
Wohnort
Classe
Anmerkung

Abb 3.16: Parzellenprotokoll

Das Parzellenprotokoll (jetzt **Grundstücksverzeichnis**) wurde für jede Katastralgemeinde getrennt geführt und enthält nach Grundstücksnummern geordnet folgende Daten:

- Grundstücksnummer
- Grundbesitzbogennummer (bis 1980)
- Einlagezahl (Grundbuch)
- Mappenblattnummer
- Kulturgattung (ab 1970 Benützungsart)
- Fläche in ha, a, m²
- Bonitätsklasse und Reinertrag (heute EMZ = Ertragsmesszahl)
- Fortführungshinweise (Veränderungen)
- Riedbezeichnung (bis 1956)

Die Bauflächen tragen eigene Nummern mit einem vorangesetzten Punkt (⇨ getrennte Nummerierung) und sind im Anschluss an die Flurstücke ausgewiesen. Es gibt aber auch Katastralgemeinden, in denen Grundstücke und Bauflächen durchlaufend nummeriert sind.

g Duplikatmappe

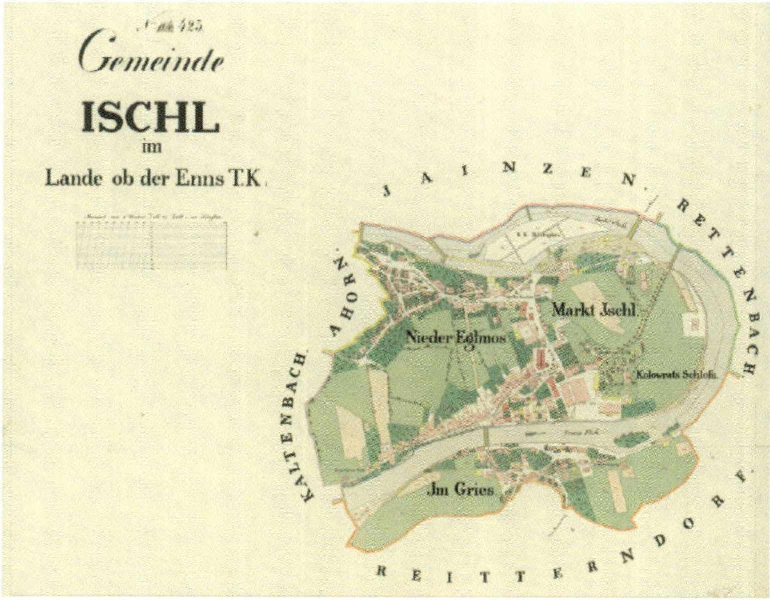

Abb 17: Duplikatmappe

Von der Urmappe wurde in der Regel im gleichen Jahr in der Kanzlei im Steindruckverfahren ein Duplikat, die Duplikatmappe, angefertigt. Viele der Duplikatmappen unterscheiden sich von der Urmappe in Details. Es fehlen zB die Blattrahmen und Zollstriche. Manchmal sind die Bezeichnungen der Blattnummern im Blattinneren anstelle außerhalb des Rahmens angebracht. Oft ist auch die Colonnen- und Schichtenbezeichnung angeführt.

h Rektifikationsmappe

Eine (teilweise nicht kolorierte) Kopie der Urmappe ist die Rektifikationsmappe, die von den Finanzämter geführt wurde. Auf ihr wurden Änderungen (zB Unterteilungen von Grundstücken, Neubauten) in roter Farbe – oftmals aber mit verminderter Genauigkeit – nachgetragen.

i Reambulierungsmappe

Abb 3.18: Reambulierungsmappe

Die Reambulierungsmappe wurde um 1870 für die Überprüfung und Berichtigung der Katastralmappe herangezogen.

j Fortführungsmappe

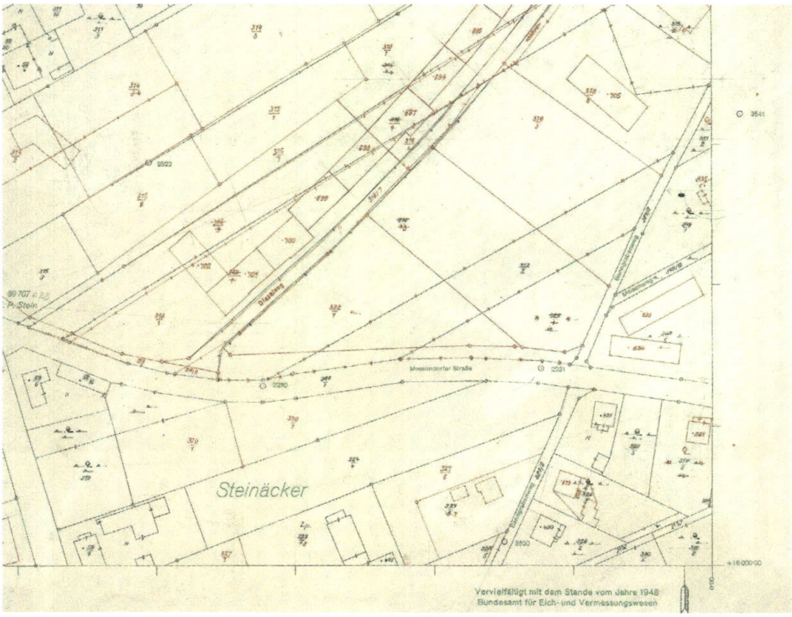

Abb 3.19: Fortführungsmappe

Als Fortführungsmappe bezeichnet man eine Katastralmappe, die mindestens einmal seit der Anlegung der Urmappe neu reproduziert worden ist. Sie enthält den jeweils neuesten Stand der Aufnahme und wird deshalb auch „Evidenzhaltungsmappe“ genannt.

In der Fortführungsmappe sind alle Änderungen eingetragen.

k Lagerdruck

Seit 1820 werden Katastralmappenblätter nicht mehr händisch (zeichnerisch) sondern drucktechnisch vervielfältigt. Diese Drucke heißen Lagerdrucke. Anfänglich trug man die roten Grundstücksnummern und die schwarzen Bauflächennummern händisch nach, bei späteren Drucken wurden alle Nummern schwarz mitgedruckt.

l Feldmappe

Abb 3.20: Feldmappe

Die Feldmappe ist eine händische Abzeichnung der Fortführungsmappe oder ein Lagerdruck, der auf Karton aufgezogen und in Quartblätter gefaltet wurde. Sie diente als Unterlage bei der Feldarbeit.

m Grundbuchsmappe

Die Grundbuchsmappe war eine Abzeichnung oder ein Abdruck der Fortführungsmappe und wurde vom Vermessungsamt im zuständigen Grundbuchsgericht periodisch (jährlich) aktualisiert.

Die Grundbuchsmappen wurden 2008 aufgelassen, da das Grundbuch direkt auf die digitale Katastralmappe (DKM) zugreifen kann.

4 Stärken und Schwächen des Franziszeischen Katasters

Die Vermessung, grafische Darstellung in den Katastralmappen und Bestimmung der Flächeninhalte und deren Ausweisung in den Grundstücksverzeichnissen erfolgte für alle Grundstücke einer Gemeinde.

Neben dem primären Zweck der Grundsteuerbemessung *„wird durch die Katastralvermessung aber auch reichhaltiges Material zur Benützung für andere Verwaltungszweige, sowie für wissenschaftliche Forschung in verschiedenen Richtungen gewonnen, weshalb dieselbe berufen erscheint, diese Nebenzwecke nach Tunlichkeit zu fördern und zu unterstützen“* (§ 13 der Messtischinstruktion).

Der Franziszeische Kataster ist ein einheitliches und flächendeckendes Register mit großmaßstäblicher Darstellung aller Grundstücke und Grundlage der Grundbücher. Er ist eine umfassende kartographische und statistische Dokumentation der wirtschaftlichen und gesellschaftlichen Verhältnisse in der ersten Hälfte des 19. Jhdt. Die Vermessung und Ertragsschätzung aller Kronländer war eine technische und kulturpolitische Großtat.

Die **Mängel** des Franziszeischen Katasters lagen in der ungleichen Ausbildung der Geometer, die nur teilweise Hochschulbildung hatten, und der unterschiedlichen Ausstattung, da ihre Instrumente und Geräte nicht die gleiche Qualität hatten und sich das Zeichenpapier durch die Witterung veränderte.

Weitere Nachteile ergaben sich aus der Messtischmethode (⇨ Grundstücksvermessung), die freie Sicht auf die zu vermessenden Objekte erfordert. Die Katastralvermessung litt auch an der betont steuertechnischen Ausrichtung. Steuerfreie oder gering besteuerte Flächen wurden mit verminderter Genauigkeit erfaßt, öffentliche Wege vielfach unterbrochen und Abgrenzungen vereinfacht dargestellt.

Die häufigsten Fehler der Urmappe

Wald: Die Kopfpunkte wurden zwar graphisch exakt aufgenommen, die Verbindungslinien wurden jedoch nur auf dem Messtisch gezeichnet. Die Durchschlägerung der Sichten wurde wegen des Aufwands und des geringen Wertes verboten.

Gebäude: Die Darstellung ist häufig verdreht, weil oft nur ein Punkt mit dem Messtisch gemessen wurde. Bei Schlechtwetter wurden Gebäude von den „Individuen" auch nur mit Schrittmaß aufgenommen. Gebäude waren für die Besteuerung unwichtig, weil sie wie das Umland eingeschätzt wurden. Ab 1869 nach der Reambulierung waren die Bauflächen und die Hofräume steuerfrei.

Wege und Straßen: Feldwege wurden sehr oft sehr breit ausgeschieden (Steuer!), beim Bahnbau wurden oft sehr breite Zufahrten eingetragen.

Flächenberechnung: Viele Fehler auf den Inselmappen, da das Planimetrieren unter Zeitdruck erfolgte. Die gröbsten Flächenfehler gibt es bei Wald und öffentlichem Gut.

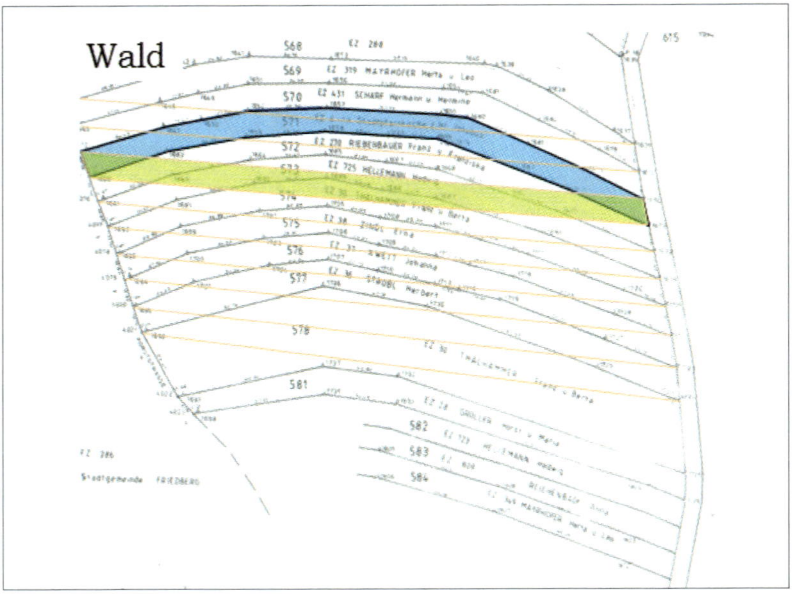

Abb 3.21: Waldgrundstücke (blau: Naturstand, gelb: Messtischmappe)

F Die Fortführung des Franziszeischen Katasters

Das Grundsteuerpatent von 1817 sah bereits eine Evidenzhaltung vor, die Änderungen in der Person des Besitzers und im Umfang der Steuerobjekte erfassen sollte.

Hinweis

Der Begriff „Führung des Katasters" wurde erst 1968 mit dem Vermessungsgesetz eingeführt. Früher wurden diese Arbeiten „Evidenzhaltung" und später „Fortführung" genannt. Man versteht darunter alle jene Maßnahmen, die erforderlich sind, das Katasterwerk mit den sich ständig verändernden Gegebenheiten in Einklang zu halten.

1844 wurden 19 Evidenzhaltungsgeometer berufen, deren Zahl 1883 auf 370 Personen in 320 Vermessungsbezirken erhöht werden musste.

Kulturänderungen wurden nicht berücksichtigt. Unterteilungen von Parzellen kennzeichnete man durch Unterstreichen der Zahl und Daruntersetzen eines Buchstabens.

1 Grundsteuerregelung (1869 – 1882)

1861 wurde die Katastralvermessung in Tirol und Vorarlberg abgeschlossen; es gab in Österreich neben dem Stabilen Grundsteuerkataster aber immer noch fünf verschiedene Grundsteuersysteme. Die Steuerlast war auf die einzelnen Länder wegen der ungleichzeitigen Vermessung und Schätzung, wegen geänderter Wirtschaftsverhältnisse und weil Kulturänderungen in der Evidenzhaltung nicht berücksichtigt wurden, ungleichmäßig verteilt. Eine in allen Kronländern gleichzeitig durchgeführte Katastralschätzung sollte Abhilfe schaffen. Die Grundlage dafür bildete der Stabile Kataster nach einer vollständigen **Reambulierung** basierend auf einem Gesetz über die Regelung der Grundsteuer von 1869.

1871 wurde mit dem **Allgemeinen Grundbuchsgesetz** und den Grundbuchsanlegungsgesetzen (1874) das notwendige und wertvolle Zusammenwirken von Grundbuch und Kataster erstmals festgeschrieben. Die Grundbuchsanlegungsgesetze verlangten nicht nur die Neuordnung der Grundbücher nach Katastralgemeinden, sondern auch die Übereinstimmung der Bestandteile eines Grundbuchskörpers (Grundstücke) mit den Bezeichnungen des Katasters (Grundstücksnummer). Da das Gutsbestandsblatt ohne Mappendarstellung unverständlich wäre, wurde die planliche Darstellung der Eigentumsobjekte für das neu anzulegende Grundbuch angeordnet und den Grundbüchern ein Abdruck der Katastralmappe als Grundbuchsmappe beigegeben. Man hatte erkannt, dass die Bezeichnung der Liegenschaften durch verbale Beschreibung mit Ried-, Haus- oder Vulgonamen (wie in den alten Grundbüchern) nicht ausreichende Klarheit über die Rechtsobjekte schafft. Der Kataster ist damit unterstützend an die Seite des Grundbuchs getreten und damit auch in den Dienst der Rechtspflege gestellt worden.

2 Revision des Grundsteuerkatasters (1896 – 1897)

Das Grundsteuerregelungsgesetz 1869 sah im § 41 eine periodische Revision des Katasters alle 15 Jahre vor, die allerdings nur einmal durchgeführt wurde. Wegen der hohen Kosten bei der Grundsteuerregelung wurden nur dauernde Kulturänderungen und Irrtümer berücksichtigt. Im Zuge der Revision wurde der Kataster auch auf das metrische Maß umgestellt.

3 Evidenzhaltung des Grundsteuerkatasters

Bereits während des Grundsteuerregulierungsverfahrens, das einen Zeitraum von 14 Jahren in Anspruch nahm, wurde klar, dass eine ständige Führung – oder wie es damals hieß „Evidenzhaltung des Grundkatasters“ – unbedingt erforderlich war. Sie war mindestens so wichtig wie die Schaffung des Katasters.

Das **Evidenzhaltungsgesetz** (EvhG) vom 23. Mai 1883, RGBl 83, war seit dem Grundsteuerpatent von 1817 das bedeutendste Gesetzeswerk des österreichischen Grundkatasters. Es bildete von 1883 bis 1968, also 85 Jahre lang in ununterbrochener Folge auch über die beiden Weltkriege hinweg, die Grundlage für die Führung des Grundkatasters.

Die Evidenzhaltung des Grundsteuerkatasters wurde von den Vermessungsbeamten durchgeführt. Folgende Arten von Veränderungen wurden erfasst:

- Änderungen im Umfang einer Steuergemeinde (Gemeindegrenzänderungen)
- Änderungen in der Person des Besitzers oder im Umfang des Besitztums (Besitzänderungen)
- Änderungen in der Widmung eines Grundstücks (Objektsänderungen)

- Änderungen in der landwirtschaftlichen Nutzungsart eines Grundstückes (Kulturänderungen)
- Richtigstellung von Fehlern in der Darstellung in der Mappe (Mappenberichtigung)
- Richtigstellung von Schreib- und Rechenfehlern im Schriftoperat.

Zeittafel zum österreichischen Kataster

1718	Mailänder Kataster
1748	Steuerrektifikation (Theresianischer Kataster)
1785	Steuerregulierung (Josephinischer Kataster)
1790	Grundsteuerprovisorien
1817	Franziszeischer Kataster (Stabiler Kataster)
1824	Katastralvermessungsinstruktion
1830	Katastralschätzungsinstruktion
1869	Grundsteuerregelung (Grundsteuerkataster)
1871	Grundbuchsanlegung
1883	Evidenzhaltung (Evidenzhaltungsgesetz)
1896	Revision der Schätzung (Revisionsgesetz)
1934	Bodenschätzung (Bodenschätzungsgesetz)
1968	Grenzkataster (Vermessungsgesetz)
1979	Grundstücksdatenbank
1989	Digitale Katastralmappe
2005	Kataster Online (e-geodata Austria)

4 Neuvermessungen

Mit der 1887 herausgegebenen „Instruktion zur Ausführung der trigonometrischen und polygonometrischen Vermessung behufs Herstellung neuer Pläne für die Zwecke des Grundsteuerkatasters“ erfolgte der Übergang von der Messtischmethode zur Polygonalmethode und für Neuvermessungen wurde der Maßstab 1:2500 festgelegt. Schließlich wurde 1914 der Maßstab 1:2000 festgesetzt.

Mit Einführung des Metermaßes wurde das Klaftermaß aufgehoben.

Von 1887 bis 1927 wurden 126 Katastralgemeinden neu vermessen, 1928 bis 1966 weitere 258 KG (ohne Burgenland).

5 Burgenland-Neuvermessung

Ein besonderes Problem hinsichtlich des Grundkatasters bildete das Burgenland. Dieses Bundesland gehörte in der kuk Doppelmonarchie zur ungarischen Reichshälfte. Durch den Friedensschluss von St. Germain-en-Laye von 1919 wurde es nach einer Volksabstimmung Österreich zugesprochen und 1921 in den österreichischen Staatsverband und in die Verwaltung eingegliedert. Die ungarischen Rechtsnormen mussten durch österreichisches Recht ersetzt werden.

Im Jahr 1927 wurden die gesetzlichen Maßnahmen getroffen, die zur **Neuanlegung von Grundbüchern** und zur Einführung des österreichischen Grundsteuerkatasters in Burgenland notwendig waren. Aus dem Erbe der ungarischen Katastralvermessung waren nur im nördlichen Teil des Burgenlandes von 141 Katastralgemeinden Mappenoperate aus der Zeit nach 1901 vorhanden, die erst nach Reambulierung und Neuanlegung des Schriftoperates zur Fortführung geeignet waren. Die 185 Katastralgemeinden des südlichen Burgenlandes mussten einer vollständigen Neuvermessung unterzogen werden, da die aus den Jahren 1856-1858 stammenden Mappen nie fortgeführt und dadurch unbrauchbar geworden waren.

Die Neuvermessung wurde mit großem Personal- und Finanzeinsatz von 1928 bis 1968 (mit Unterbrechung durch den 2. Weltkrieg) durchgeführt und erfasste eine Fläche von 1525,26 km^2 und 524.677 Grundstücke.

6 Einsatz der EDV

Bereits im Jahr 1955 wurde die elektronische Datenverarbeitung für den Kataster eingesetzt. Nach dem damaligen Stand der Elektronik-Technologie bediente man sich der **Lochkartentechnik**. In sehr kurzer Zeit wurde ein Verfahren entwickelt, welches die Erfassung und Führung von Grundstücksdaten des Schriftoperates mittels Lochkarten ermöglichte. Die Umstellung begann 1956 und wurde 1968 abgeschlossen.

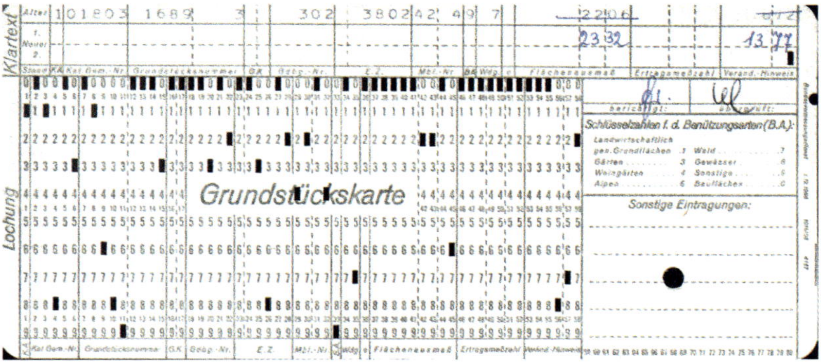

Abb 3.22: Lochkarte eines Grundstücks

Die seit 1883 fast unverändert gebliebenen manuell geführten Grundstücksverzeichnisse und die alten Grundbesitzbogen wurden außer Kraft gesetzt und durch maschinell gedruckte Verzeichnisse ersetzt.

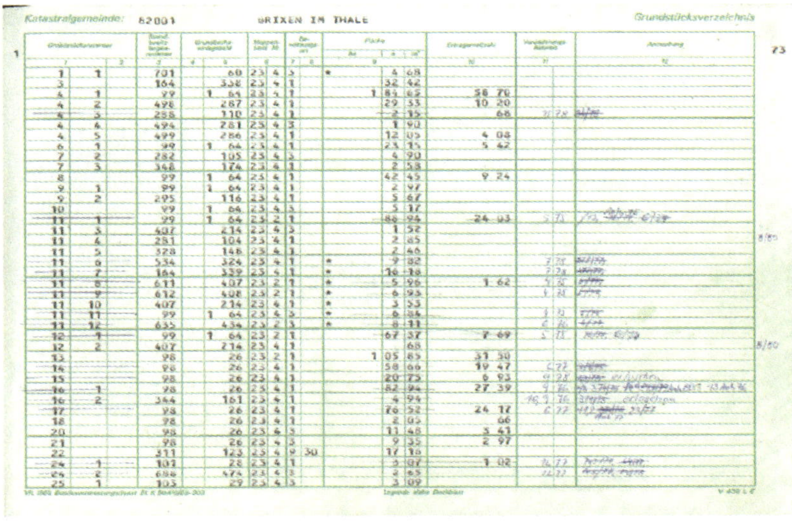

Abb 3.23: Grundstücksverzeichnis

Die Umstellung auf die Lochkartentechnik war die Grundlage zur Einrichtung der ⇨ **Grundstücksdatenbank** (GDB) in Österreich.

Einen nicht weniger großen Rationalisierungseffekt erbrachten die elektronischen Rechenverfahren. Für die wichtigsten geodätischen Rechenoperationen wie Grenzpunktberechnung (Polar-, Orthogonal- und Schnittmethode), Berechnungen im EP-Netz, Transformationen und Flächenberechnungen wurden elektronische Rechenprogramme entwickelt.

Als weitere Komponente der EDV folgte ab 1964 die **automatische Punktauftragung** und die Planzeichnung.

Digitalisierung

Um 1975 begann das BEV in Pilotversuchen mit der Digitalisierung der Katastralmappen und ab 1987 mit der flächendeckenden Erfassung der Katastralgemeinden und ⇨ Anlegung der **Digitalen Katastralmappe** (DKM).

Die Erstdatenerfassung erfolgte teilweise in Kooperation mit den Gemeinden und Vermessungsbefugten und wurde 2003 abgeschlossen. Die rechtliche Grundlage wurde mit der VermG-Novelle 1980 geschaffen in der angeordnet wurde, den Grenzkataster, soweit technisch möglich, automationsunterstützt zu führen.

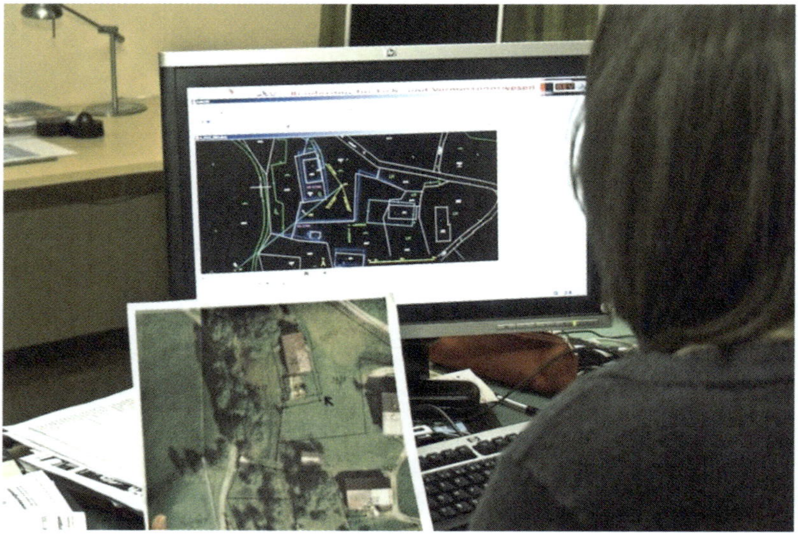

Abb 3.24: Digitalisierung der Katastralmappe

IV Organisation des Katasters

Das Vermessungswesen – und damit auch der Kataster – sind in Gesetzgebung und Vollziehung **Bundessache** (Art 10 B-VG). Neben den materiellen, öffentlich-rechtlichen und sachenrechtlichen Vorschriften gehören dazu auch die organisationsrechtlichen Bestimmungen und die technischen Regeln für die Durchführung der Vermessungsarbeiten.

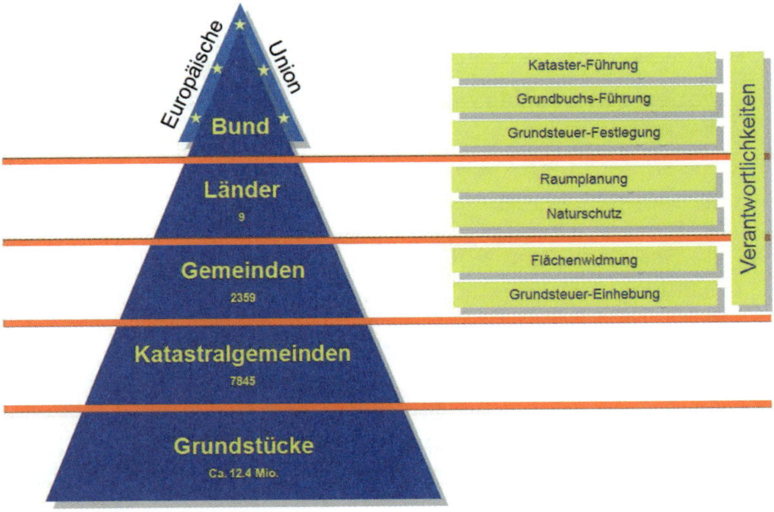

Abb 4.1: Raumgliederung und Zuständigkeiten

Zentrale Rechtsgrundlage ist das Bundesgesetz über die Landesvermessung und den Grenzkataster (**Vermessungsgesetz** – VermG, BGBl 306/1968 idF BGBl I 100/2008); das VermG ist am 1. Jänner 1969 in Kraft getreten.

Durchführungsverordnungen zum VermG regeln

- nähere Bestimmungen über Vermessungen, Fehlergrenzen und Pläne
- die Beschreibung und nähere Unterteilung der Benützungsarten
- die Errichtung und Auflassung von Vermessungsämter und deren Sprengel
- nähere Vorschriften über das Adressregister
- die Vermessungsgebühren

A Vermessungsbehörden

LANDESVERMESSUNG			
geodätisches Bezugssystem	Landes-aufnahme	amtliche Vermessung	Vermarkung u Vermessung der Staatsgrenzen
Grundlagenver-messungen	Herstellung der Landkarten	Kataster	

Die Aufgaben der Landesvermessung werden in Österreich vom Bundesamt für Eich- und Vermessungswesen (BEV) mit Sitz in Wien und den Vermessungsämtern (VÄ) besorgt.

Aufgaben der Landesvermessung
§ 1 VermG

Aufgaben der Landesvermessung sind

1. die Grundlagenvermessung für die geodätischen Bezugssysteme und zwar
   a) die Schaffung und Erhaltung der Festpunkte sowie die Bereitstellung von Messdaten aus dem Satellitenreferenzsystem,
   b) die astronomisch-geodätischen Arbeiten für die Zwecke der Bezugssysteme und zur Erforschung der Erdgestalt,
   c) die Schaffung und Erhaltung von Höhenpunkten besonderer Genauigkeit (Präzisionsnivellement) und
   d) die Arbeiten zur Erforschung des Schwerkraftfeldes der Erde und für die geophysikalische Landesaufnahme;
2. die teilweise Neuanlegung des Grenzkatasters;
3. die allgemeine Neuanlegung des Grenzkatasters;
4. die Übernahme der Ergebnisse eines Verfahrens der Agrarbehörden in den Angelegenheiten der Bodenreform in den Grenzkataster;
5. die Führung des Grenzkatasters;
6. die Amtshandlungen im Zusammenhang mit dem Grenzkataster;
7. die topographische Landesaufnahme zum Zwecke der kartographischen Bearbeitung;
8. die Herstellung der staatlichen Landkarten;
9. die Herstellung von Messungsaufnahmen aus Zivilluftfahrzeugen im Fluge;
10. die Vermarkung und Vermessung der Staatsgrenzen.

Dem **BEV** fallen jene Aufgaben zu, die entweder großräumig durchzuführen sind (Grundlagenvermessungen, Herstellung der Landkarten) oder besonderen Personaleinsatz erfordern. Das BEV hat auch das Aufsichts- und Weisungsrecht gegenüber den

Vermessungsämtern, die die umfangreichen Angelegenheiten des Grenzkatasters zu besorgen haben. Die Entscheidung in letzter Instanz und die Erlassung der grundlegenden Durchführungsverordnungen liegen beim **Bundesminister** für Wirtschaft, Familie und Jugend.

1 Vermessungsämter

Als Teil der Landadministration sorgen die Vermessungsämter für

- den kontinuierlichen Ausbau des rechtsverbindlichen **Grenzkatasters** zur Erhöhung des Vertrauensschutzes bei Grundstücksgrenzen
- die Gewährleistung von Rechtssicherheit bei der räumlichen Zuordnung der Eigentumsrechte an Grund und Boden und die Nachvollziehbarkeit aller Änderungen der Grundstücksgrenzen.

Neben den Aufgaben zur Neuanlegung und Führung des Grenzkatasters und der damit im Zusammenhang stehenden Amtshandlungen wirken die Vermessungsämter auch an der Vollziehung des **Bodenschätzungsgesetzes**, des **Liegenschaftsteilungsgesetzes** und des **Staatsgrenzgesetzes** mit.

a Entwicklung der Vermessungsämter

Nach den Bestimmungen des Grundsteuerpatents (⇨ Entwicklung des Katasters) waren die Veränderungen in der Person des Besitzers und im Umfang der Steuerobjekte evident zu halten. Hiefür wurden vorerst 19 Evidenzhaltungsgeometer in ganz Österreich unter Leitung der damaligen Mappenarchivare in den einzelnen Kronländern eingesetzt.

Abb 4.2: Evidenzhaltung des Grundsteuerkatasters

Mit dem Evidenzhaltungsgesetz wurde jedes Kronland in Vermessungsbezirke eingeteilt, in denen die eigentliche Evidenzhaltung des Grundkatasters stattfand. Zu Beginn gab es insgesamt 320 **Vermessungsbezirke**, deren Grenzen idR mit denen der politischen Bezirke zusammenfielen.

Die exekutive Tätigkeit der Fortführungsarbeiten wurde anfänglich von 366 bestellten ständigen Organen für die Evidenzhaltung des Grundsteuerkatasters (**Evidenzhaltungsgeometer** im Beamtenstand) ausgeübt.

Erst im Jahre 1907 wurde – als Vorläufer des heutigen Vermessungsamtes – erstmalig die Bezeichnung „**Evidenzhaltung des Grundsteuerkatasters**“ (unter Beisetzung des Standortes) als selbständige Behörde erster Instanz eingeführt.

Bis 1913 stieg die Zahl der Vermessungsbezirke auf 519, davon entfielen auf das heutige Bundesgebiet (ohne Burgenland) 92 Vermessungsbezirke. Durch Amtsauflassungen waren es 1938 nur mehr 67.

Dienststellenbezeichnungen

1907-1922 Evidenzhaltung des Grundsteuerkatasters
1922-1938 Bezirksvermessungsamt
1938-1945 Katasteramt
1945-1968 Vermessungsamt

Die Aufgaben der Vermessungsämter wurden 1969 neu geregelt und 68 Sprengel der Vermessungsämter festgesetzt. 1995 wurden die Vermessungssprengel auf 41 verringert.

Abb 4.3: Sprengel der Vermessungsämter

Vermessungssprengel

Die Standorte der Vermessungsämter wurden mit Verordnung des BMwA über die **Sprengel der Vermessungsämter**, BGBl II 391/1997, wie folgt bestimmt:

Amstetten	Lienz
Baden	Liezen
Bludenz	Linz
Braunau am Inn	Neusiedl am See
Bregenz	Oberwart
Bruck an der Mur	Ried im Innkreis
Eisenstadt	Rohrbach
Feldbach	Salzburg
Freistadt	Spittal an der Drau
Gänserndorf	Sankt Johann im Pongau
Gmunden	Sankt Pölten
Gmünd	Steyr
Graz	Villach
Imst	Vöcklabruck
Innsbruck	Völkermarkt
Judenburg	Weiz
Klagenfurt	Wels
Korneuburg	Wien
Krems an der Donau	Wiener Neustadt
Kufstein	Zell am See
Leibnitz	

Adressen und Öffnungszeiten der **Vermessungsämter** siehe: *www.bev.gv.at.*

b Aufgaben der Vermessungsämter

Die Vermessungsämter haben im Wesentlichen folgende Aufgaben:

- Führung des Grenz- und Grundsteuerkatasters,
- teilweise Neuanlegung des Grenzkatasters,
- Amtshandlungen im Zusammenhang mit dem Grenzkataster,
- Grenzvermessungen,
- Erhebung der Benützungsarten,
- Ausstellung von Bescheinigungen für Pläne der Vermessungsbefugten,
- Grenzwiederherstellungen,
- Grenzermittlungen,
- Mitwirkung bei Änderungen von Katastralgemeinden,
- Berichtigung des Grenz- und Grundsteuerkatasters,

- Übernahme der Ergebnisse eines Verfahrens der Agrarbehörden in Angelegenheiten der Bodenreform in den Grenzkataster,
- Mitwirkung an der Führung des Digitalen Landschaftsmodells.

Darüber hinaus sind die Vermessungsämter bei der Schaffung und Erhaltung des **Festpunktfeldes** wesentlich beteiligt.

Das **Bodenschätzungsgesetz** verpflichtet die Vermessungsämter, die im Zuge der amtlichen Bodenschätzung anfallenden Vermessungsarbeiten durchzuführen. Dazu gehören die Einmessung der Vergleichsstücke, die vermessungstechnische Erfassung der Begehungslinien, die Eintragung der Wegfaktoren und Wegsteigungen, die Anlegung und Ausfertigung der Schätzungskarte sowie die Berechnung und Führung der Ertragsmesszahl (EMZ); ⇨ Anwendungsbeispiele.

Im Verfahren zur grundbücherlichen Durchführung von geringwertigen Trennstücken und von bestimmten baulichen Anlagen (⇨ grundbücherliche Sonderverfahren) weist das **Liegenschaftsteilungsgesetz** den Vermessungsämtern Beurkundungsaufgaben zu.

Die Vermessungsämter wirken auch an der Vermarkung und Vermessung der **Staatsgrenzen** mit. Nach den Bestimmungen der **Staatsgrenzverträge** dürfen in der Grenzlinie keine privaten Eigentumsgrenzzeichen errichtet werden. Anstoßende Eigentumsgrenzzeichen dürfen erst ab einer Entfernung von 3 m (gegenüber Liechtenstein 2 m) von der Staatsgrenze gekennzeichnet werden. Die Überwachung der Einhaltung dieser Vorschriften und erforderlichenfalls ihre zwangsweise Durchsetzung obliegt den Vermessungsämtern.

2 Bundesamt für Eich- und Vermessungswesen (BEV)

Das Bundesamt für Eich- und Vermessungswesen (BEV) ist eine dem Bundesministerium für Wirtschaft, Familie und Jugend nachgeordnete Bundesbehörde mit den Aufgabenbereichen Vermessung und Geoinformation sowie Mess- und Eichwesen ⇨ www.bev.gv.at.

Die Aufgaben des BEV sind:

- die **Grundlagenvermessung**: Schaffung und Erhaltung der amtlichen Vermessungspunkte (Lage- und Höhenfestpunkte)
- Betrieb des Satelliten-Positionierungsdienstes **Austrian Positioning Service** (APOS)
- die topographische **Landesaufnahme**: Führung des Digitalen Landschafts- und Geländehöhenmodells und der Namensdatenbank GEONAM Österreich
- Erstellung der amtlichen österreichischen **Landkarten**. Folgende Kartenwerke werden hergestellt und laufend weitergeführt: Österreichische Karte 1:50.000 (ÖK 50, und in Vergrößerung 1:25.000), 1:250.000 (ÖK 250), 1:500.000. **Orthophotos** und Luftbildkarten
- Koordinierungsstelle für Geoinformation
- Vermessungs- und Verwaltungsarbeiten im Zusammenhang mit den **Staatsgrenzen**
- Führung des Nationalen Metrologie-Instituts (NMI), welches Mess-Normale entsprechend dem SI-Einheitensystem zur Verfügung stellt
- Physikalisch-technischer Prüfdienst zur technischen Durchführung von Kalibrierungen und Prüfung von Messgeräten unter Anschluss an die nationalen Normale
- Benannte Stelle für die Waagenrichtlinie 90/384/EEC
- Ermächtigungsstelle für Eichstellen

Das BEV sichert den Wirtschafts- und Lebensraum Österreichs durch

- die Bereitstellung der **Geobasisdaten** als Grundlage aller raumbezogenen Informationen über das Staatsgebiet für Bürger, Wirtschaft, Politik und Verwaltung
- **Geoinformationsdienste** im Rahmen des österreichischen e-Government
- die Bereithaltung international anerkannter Messnormale als Grundlage für die messtechnische Infrastruktur Österreichs
- metrologische Dienstleistungen für Wirtschaft, Wissenschaft und Gesellschaft
- die Wahrnehmung von Überwachungsaufgaben zum Schutz vor unrichtigen Messungen und unzuverlässigen Messeinrichtungen

a Entwicklung des BEV

Bis zum Jahre 1827 wurde die oberste Leitung der Katasterarbeiten von der Grundsteuerregulierungs-Hofkommission besorgt, daneben gab es in jedem Kronland und Bezirk Provinzial- bzw Kreiskommissionen. 1827 wurde die oberste Leitung der Katastralvermessung der Vereinigten Hofkanzlei übertragen.

Im Jahr 1848 wurde die Verwaltung neu organisiert und die Leitung des Grundsteuerkatasters dem kk Finanzministerium übertragen. Dieses schuf für den Kataster eine eigene Sektion, die „**Generaldirektion des Grundsteuerkatasters**".

Mit der Vollzugsanweisung der Staatsregierung vom 1. August 1919 wurden die „Österr Kommission für die Internationale Erdmessung" und das „Gradmessungsbüro" vom Staatsamt für Unterricht und die „Generaldirektion des Grundsteuerkatasters" vom Staatsamt für Finanzen ausgeschieden und in die Kompetenz des Staatsamtes für Handel und Verkehr, Industrie und Bauten übertragen. Ein Jahr später folgte noch ein Teil des ehemaligen Militärgeographischen Instituts (die Geodätische- und Mappierungsgruppe). Die Landkartenherstellung des Militärgeographischen Instituts wurde als „Kartographisches Institut" bezeichnet und als kaufmännischer Staatsbetrieb geführt.

Am 12. Jänner 1921 wurde das **Bundesvermessungsamt** als Zusammenfassung aller vorher genannten Vermessungsstellen als neue Zentralstelle geschaffen und am 21. Dezember 1923 mit der Eingliederung des Eichdienstes (Normal-Eichungskommission) in das **Bundesamt für Eich- und Vermessungswesen** übergeführt.

1938 wurde das Bundesamt für Eich- und Vermessungswesen in das „Amt für Eichwesen in Wien" und in die „Hauptvermessungsabteilung XIV" aufgeteilt. Der Hauptvermessungsabteilung XIV wurde das Kartographische Institut angeschlossen.

1945 wurde das Bundesamt für Eich- und Vermessungswesen wieder errichtet.

Derzeit ist das BEV in die Gruppen Eichwesen, Vermessungswesen sowie Eich- und Vermessungsämter gegliedert, die von den Stabsbereichen Recht und Ressourcen sowie Information und Marketing unterstützt werden.

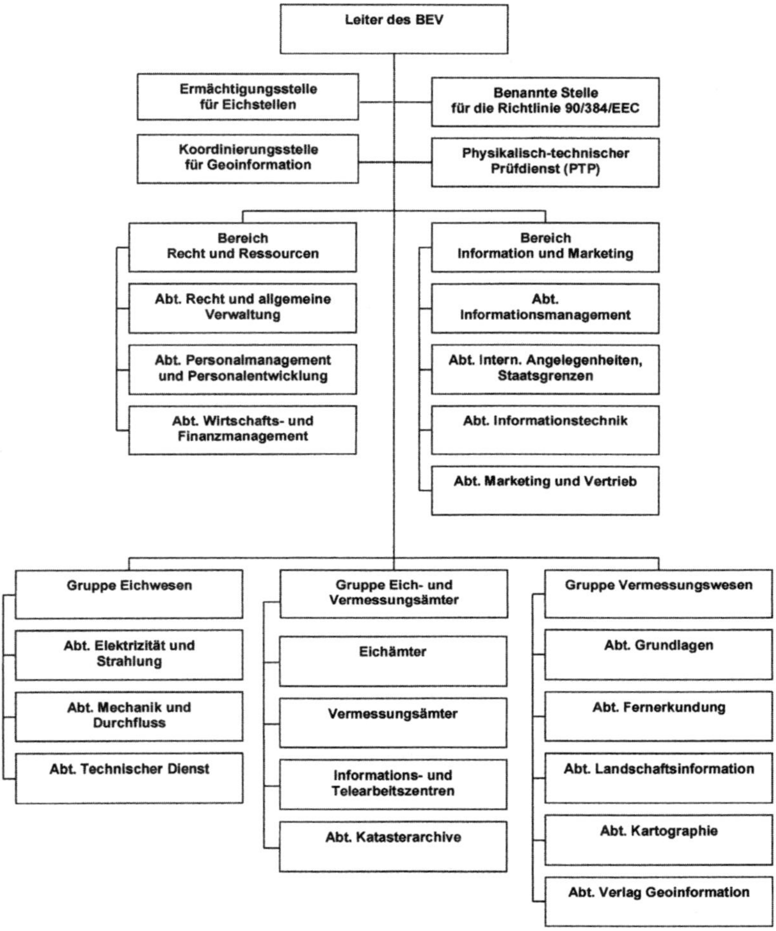

Abb 4.4: Organigramm des BEV

b Exkurs: Mess- und Eichwesen

Eine hochentwickelte Messtechnik ist Voraussetzung für die industrielle Fertigung, den Handel mit messbaren Gütern und Dienstleistungen sowie für den Schutz und die Sicherheit des Menschen und der Umwelt. In Österreich hat das BEV den gesetzlichen Auftrag, für die Grundlagen zu sorgen.

Der Fachbereich Mess- und Eichwesen des BEV umfasst das nationale Metrologie-Institut und die nationale Eichbehörde.

Als nationales Metrologie-Institut ist das BEV verantwortlich für die Bereithaltung und Weiterentwicklung der **nationalen Messnormale (Etalons)** zur Darstellung der gesetzlichen Maßeinheiten.

Die Aufgaben der Eichbehörde sind Vollzugsmaßnahmen im Rahmen des gesetzlichen Messwesens, die sicherstellen, dass die zum Schutz und zur Sicherheit der Wirtschaft und Gesellschaft notwendigen Messungen mit der erforderlichen Genauigkeit und den gesetzlichen Bestimmungen entsprechend durchgeführt werden.

Im Rahmen des **Physikalisch-technischen Prüfdienstes** (PTP) werden die Maßeinheiten durch Kalibrierung und Prüfung von Messgeräten unter Anschluss an die nationalen Normale weitergegeben. Seminare und Fortbildungsveranstaltungen des PTP auf dem Gebiet der Metrologie ermöglichen, dass Wirtschaft, Industrie und Gesellschaft vom Spezialwissen der Experten des BEV profitieren. Diese metrologischen Dienstleistungen sind ein Beitrag zur Weiterentwicklung der wissensbasierten Gesellschaft und zur Sicherung des Wirtschaftsstandortes Österreich.

Der qualifizierte **Zeitstempeldienst** des BEV ermöglicht, elektronische Dokumente mit einer fälschungssicheren Zeitangabe zu versehen.

ba Eichämter und Eichstellen

Das Maß- und Eichgesetz (MEG) regelt die **Eichpflicht von Messgeräten** für verschiedene Verwendungsbereiche. Im amtlichen und rechtsgeschäftlichen Verkehr, im Gesundheitswesen, im Verkehrswesen und im Sicherheitswesen ist für bestimmte Messgeräte deren Überprüfung auf die Einhaltung von Fehlergrenzen (Eichpflicht) festgelegt.

Die eichtechnische Prüfung und Stempelung der Messgeräte wird von den Eichämtern und von privaten Stellen, die ihre Kompetenz auf bestimmten Messgerätesektoren nachgewiesen haben (Eichstellen), vorgenommen.

Zu den Aufgaben der **Eichämter** gehören:

- Revision der Messgeräte und Marktüberwachung
- Überwachung von Fertigpackungen, Maßbehältnissen und Schankgefäßen
- Kontrolle und Überwachung von ermächtigten Eichstellen
- Eichung von Messgeräten, die nicht von ermächtigten Eichstellen durchgeführt werden
- Überwachung von Sicherungszeichen

B Vermessungsbefugte

Die Führung des Katasters ist eine öffentliche Aufgabe, die staatlichen Stellen übertragen ist, bei der aber auch der Zusammenarbeit mit privaten Ingenieurkonsulenten für Vermessungswesen entscheidendes Gewicht zukommt.

§ 1 des Liegenschaftsteilungsgesetzes zählt jene Personen, Behörden und Ämter auf, die befugt sind, Pläne für die grundbücherliche Teilung von Grundstücken zu erstellen.

Vermessungsbefugte sind die in § 1 Abs 1 Z 1, 3 und 4 sowie Abs 2 LiegTeilG bezeichneten Personen oder Dienststellen, die neben den Vermessungsbehörden berechtigt sind, Grenzvermessungen im Sinne des VermG auszuführen. Es sind dies Ingenieurkonsulenten für Vermessungswesen, bestimmte Bundes- und Landesdienststellen, Agrarbehörden und durch Verordnung ermächtigte Gemeinden.

In der Rechtsprechung und Literatur werden fallweise auch Vermessungsbehörden als Vermessungsbefugte bezeichnet.

1 Ingenieurkonsulenten für Vermessungswesen

Den Ingenieurkonsulenten für Vermessungswesen kommt bei der Anlegung und Aktualisierung des Katasters eine sehr wesentliche Aufgabe zu. Die von ihnen verfassten Pläne bilden die Grundlage für die Teilung von Grundstücken, die Berichtigung der Katastralmappe und die Umwandlung von Grundstücken in den Grenzkataster. Diese Pläne sind öffentliche Urkunden.

§ 4 Ziviltechnikergesetz

(1) Ziviltechniker sind, sofern bundesgesetzlich nicht eine besondere Berechtigung gefordert wird, auf dem gesamten, von ihrer Befugnis umfassten Fachgebiet zur Erbringung von planenden, prüfenden, überwachenden, beratenden, koordinierenden, mediativen und treuhänderischen Leistungen, insbesondere zur Vornahme von Messungen, zur Erstellung von Gutachten, zur berufsmäßigen Vertretung vor Behörden und Körperschaften öffentlichen Rechts, zur organisatorischen und kommerziellen Abwicklung von Projekten, ferner zur Übernahme von Gesamtplanungsaufträgen, sofern wichtige Teile der Arbeiten dem Fachgebiet des Ziviltechnikers zukommen, berechtigt.

(2) Unbeschadet der den Gewerbetreibenden zustehenden Rechte sind von den Ziviltechnikern berechtigt:

...
b) die Ingenieurkonsulenten für Vermessungswesen zur Verfassung von Teilungsplänen zur katastralen und grundbücherlichen Teilung von Grundstücken und von Lageplänen zur grundbücherlichen Abschreibung ganzer Grundstücke, zu Grenzermittlungen nach dem Stande der Katastralmappe oder auf Grund von Urkunden, einschließlich Vermarkung und Verfassung von Plänen zur Bekanntgabe von Fluchtlinien;
...
(3) Ziviltechniker sind mit öffentlichem Glauben versehene Personen gemäß § 292 der Zivilprozeßordnung, RGBl. Nr. 113/1895, in der jeweils geltenden Fassung. Die von ihnen im Rahmen ihrer Befugnis ausgestellten öffentlichen Urkunden werden von den Verwaltungsbehörden in derselben Weise angesehen, als wenn diese Urkunden von Behörden ausgefertigt wären. Von solchen Urkunden können im Falle ihrer elektronischen Errichtung auch Ausfertigungen auf Papier, im Falle ihrer Errichtung auf Papier auch elektronische Ausfertigungen hergestellt werden.

Die **Kammern der Architekten und Ingenieurkonsulenten** sind Körperschaften öffentlichen Rechts und die gesetzlichen Berufsvertretungen der staatlich befugten und beeideten Ziviltechniker/innen (Architekt/innen und Ingenieurkonsulent/innen mit rund sechzig Befugnissen auf ingenieur- und naturwissenschaftlichen, montanistischen Fachgebieten und Fachgebieten der Bodenkultur). Rechtsgrundlage ist das Ziviltechnikerkammergesetz (ZTKG 1993). Die Vertretung erfolgt durch gewählte, ehrenamtlich tätige Berufsvertreter/innen (Wahlen alle 4 Jahre).

Auf Bundesebene ist die **Bundeskammer der Architekten und Ingenieurkonsulenten** mit Sitz in Wien eingerichtet, deren Mitglieder die vier Länderkammern sind. Ihr örtlicher Wirkungsbereich erstreckt sich auf das gesamte Bundesgebiet. Die Bundeskammer gliedert sich in die Bundessektion Architekten und die Bundessektion Ingenieurkonsulenten.

Hinweis

Verzeichnis der Ingenieurkonsulenten für Vermessungswesen siehe: http://www.arching.at/baik/zt-verzeichnis/content.html

2 Agrarbehörden

Für die Angelegenheiten der **Bodenreform** (Zusammenlegung landwirtschaftlicher Grundstücke) sind auf Länderebene Agrarbehörden eingerichtet. Im Interesse der Schaffung und Erhaltung einer leistungsfähigen Landwirtschaft können die Besitz-, Benützungs- und Bewirtschaftungsverhältnisse im ländlichen Lebens- und Wirtschaftsraum durch Neueinteilung des land- und forstwirtschaftlichen Grundbesitzes sowie durch Ordnung der rechtlichen und wirtschaftlichen Grundlagen der land- und forstwirtschaftlichen Betriebe nach zeitgemäßen volks- und betriebswirtschaftlichen Gesichtspunkten im Wege eines Zusammenlegungsverfahrens verbessert oder neu gestaltet werden.

Zur Erreichung dieser Ziele sind in erster Linie die Nachteile abzuwenden, zu mildern oder zu beheben, die durch Mängel der Agrarstruktur (wie zB zersplitterter Grundbesitz, ganz oder teilweise eingeschlossene Grundstücke, ungünstige Grundstücksformen, unwirtschaftliche Betriebsgrößen, beengte Orts- oder Hoflagen, unzulängliche Verkehrserschließung, ungünstige Geländeformen, ungünstige Wasserverhältnisse) verursacht werden.

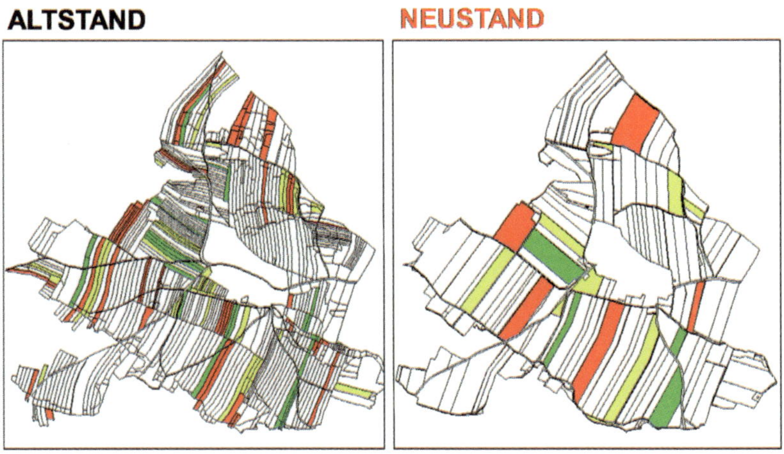

Abb 4.5: Zusammenlegung landwirtschaftlicher Grundstücke

Die zur Richtigstellung oder Neuanlegung des Grundbuchs und des Grundsteuer- oder Grenzkatasters erforderlichen Behelfe hat die Agrarbehörde nach Rechtskraft des Zusammenlegungsplanes den hiefür zuständigen Gerichten und Vermessungsbehörden zu übergeben.

3 Dienststellen (Behörden oder Ämter) des Bundes oder eines Landes

Bundes- und Landesdienstellen, die über einen Bediensteten verfügen, der das Studium für Vermessungswesen an einer wissenschaftlichen Hochschule vollendet hat und eine mindestens zweijährige einschlägige praktische Betätigung nachweisen kann, können innerhalb ihres Wirkungsbereiches Teilungspläne erstellen.

4 Andere Behörden und Ämter

Auch andere Behörden und Ämter, die über einen Bediensteten verfügen, der das Studium für Vermessungswesen an einer wissenschaftlichen Hochschule vollendet hat und eine mindestens zweijährige einschlägige praktische Betätigung nachweisen kann, kann das Recht durch Verordnung zuerkannt werden.

Auf Grund der Bestimmungen bezüglich Bundes- und Landesdienstellen fallen darunter primär **Gemeinden**.

Die Befugnis zur Erstellung von Plänen, die zur Grundlage grundbücherlicher Teilungen dienen, wird in diesen Fällen durch Verordnung des BMJ zuerkannt.

V Grundlagen des Grenzkatasters

Das Vermessungsgesetz regelt die **Landesvermessung** nach folgenden Grundsätzen:

- Aufgaben des Bundesvermessungsdienstes sind im Wesentlichen die Grundlagenvermessungen, die Anlegung und Führung des Katasters und die Herstellung der staatlichen Landkarten.
- Der neue Kataster soll neben seiner bisherigen Aufgabe, die Grundlagen der Einheitsbewertung (⇨ Bodenschätzung) zu liefern auch der Sicherung der Grundstücksgrenzen dienen; er wird daher als „**Grenzkataster**" bezeichnet.
- Der neue Kataster soll nicht nur vom Bundesvermessungsdienst allein, sondern gemeinsam mit allen Vermessungsbefugten geschaffen werden.
- Der neue Kataster soll seinem Aufbau nach dem bisherigen möglichst entsprechen, um einen reibungslosen Übergang zu ermöglichen *(Quelle: Erläuterungen der Regierungsvorlage zum VermG).*

Der Kataster ist ein von den Vermessungsämtern geführtes öffentliches Verzeichnis zur Ersichtlichmachung bestimmter tatsächlicher Grundstücksverhältnisse (zB Lage, Fläche, Nutzung) und – soweit der Grenzkataster angelegt worden ist – zum verbindlichen Nachweis der Grenzen.

Grenzkataster
§ 8 VermG

Der nach Katastralgemeinden angelegte Grenzkataster ist bestimmt:

1. zum verbindlichen Nachweis der Grenzen der Grundstücke,
2. zur Ersichtlichmachung
   a) der Benützungsarten,
   b) der Flächenausmaße,
   c) der vermessungsbehördlich bescheinigten Änderungen des Katasters,
   d) sonstiger Angaben zur leichteren Kenntlichmachung der Grundstücke und
3. zur Ersichtlichmachung der geocodierten (raumbezogenen) Adressen der Grundstücke und der darauf befindlichen Gebäude.

Als **Hauptzwecke des Katasters** werden in § 8 VermG der Nachweis der Grenzen der Grundstücke (Z 1) und die Ersichtlichmachung bestimmter Grundstücksmerkmale (Z 2 u 3) bezeichnet. Der Grenzkataster soll – worauf schon die Bezeichnung hinweist – Grenzstreitigkeiten ein Ende setzen und eine eindeutige Festlegung der Grenzen mit Koordinaten im Bezugssystem basierend auf öffentlichen Urkunden/Plänen sicherstellen.

Der Kataster, der ursprünglich als Grundsteuerkataster öffentlich-rechtliche Aufgaben zu erfüllen hatte, dient nunmehr in Form des Grenzkatasters auch dem privatrechtlichen **Eigentumsschutz**.

Die Angaben über die Grundstücksgrenzen sind verbindlich, soweit ihnen eine entsprechende grundbücherliche Eintragung gegenübersteht. Bei Grundstücken des Grenzkatasters ergibt sich nicht nur die Lage, sondern auch der Umfang des Grundstücks rechtsverbindlich aus dem Kataster.

A Grenzkataster

1 Schutz der Grundstücksgrenzen

Für die im **Grenzkataster** eingetragenen Grundstücke gilt:

- Den Angaben über die Grenzen der Grundstücke im technischen Operat des Grenzkatasters kommt der gleiche Schutz des guten Glaubens zu wie den Angaben des Grundbuches.
- Maßgebend ist der im Grenzkataster eingetragene Grenzverlauf; den Grenzen in der Natur kommt nur innerhalb der Fehlergrenzen Bedeutung zu.
- Die Ersitzung von Teilen eines Grundstückes ist ausgeschlossen.
- Die Wiederherstellung eines streitig gewordenen Grenzverlaufes erfolgt nicht durch das Gericht, sondern durch das Vermessungsamt.

Ein auf die Naturgrenzen gestützter Anspruch kann demjenigen nicht entgegengehalten werden, der ein Recht im Vertrauen auf die im Grenzkataster enthaltenen Grenzen erworben hat. § 49 VermG ergänzt den Schutz des guten Glaubens nach dem Grundbuchsrecht dahin, dass dem gutgläubigen Erwerber eines Grundstückes eine von den Papiergrenzen abweichende flächenmäßige Ausdehnung nicht entgegengehalten werden kann.

Geschützt wird das Vertrauen auf die Richtigkeit der grundbücherlichen Eintragung und auf die Richtigkeit der Papiergrenzen der Grundstücke.

2 Vertrauensschutz

Der Grenzkataster genießt wie das Grundbuch öffentlichen Glauben. Wer im Vertrauen auf die im Grenzkataster eingetragenen Grenzen, dh ohne eine davon abweichende Rechtslage zu kennen, ein Recht erwirbt, zu dessen Gunsten gilt der Grenzkataster als richtig und vollständig. Dieser Grundsatz des Vertrauens auf den Grenzkataster ist dem materiellen Publizitätsprinzip des Grundbuchsrechts nachgebildet worden.

Nach Grundbuchsrecht wird derjenige, der trotz einer ungültigen bücherlichen Eintragung durch eine neue Eintragung gutgläubig ein Recht erwirbt, also der gutgläubige „Dritte", insofern geschützt, als ihm gegenüber die Ungültigkeit der Eintragung nicht geltend gemacht werden kann. Der Schutz nach dem Grundbuchsrecht erstreckt sich aber nur auf die Richtigkeit einer Eintragung, nicht auch auf eine bestimmte flächenmäßige Ausdehnung.

Das VermG dehnt diesen Schutz auf die im Grenzkataster eingetragenen **Grundstücksgrenzen** aus.

Da die Papiergrenzen maßgebend sind, kann man sich in der Praxis des Liegenschaftsverkehrs auf die im Grenzkataster festgehaltenen Angaben über die Größe eines Grundstückes verlassen. Diesbezüglich sind keine Erhebungen in der Natur mehr erforderlich.

3 Guter Glaube

Unter dem Grundsatz des Vertrauens auf den Buchstand versteht man den Schutz desjenigen, der auf die Eintragung im öffentlichen Buch vertraut. Es wird immer dann wirksam, wenn die wirkliche Rechtslage nicht richtig wiedergegeben wird und ein Dritter auf die materiell unrichtige Eintragung vertraut, dabei aber die wirkliche Rechtslage nicht kennt.

Guter Glaube auf die Eintragung in den Grenzkataster ist nach den für den Vertrauensschutz nach Grundbuchsrecht entwickelten Grundsätzen also dann anzunehmen, wenn der Erwerber die Unrichtigkeit der Papiergrenze nicht kannte und auch bei gehöriger Aufmerksamkeit nicht hätte erkennen können.

4 Naturgrenze

Die Naturgrenze ist im Grenzkataster nicht bedeutungslos, sie wird aber in ihrer Bedeutung an die zweite Stelle gerückt. Da Messungen mit absoluter Genauigkeit nicht möglich sind, können einerseits die in der Natur vorhandenen Grundstücksgrenzen nie vollkommen eindeutig dargestellt werden und andererseits die im Kataster dargestellten Grenzen eines Grundstücks nie mit absoluter Genauigkeit in die Natur rückübertragen werden. Diese beiden Ungenauigkeiten summieren sich zu einer – in ihrem Ausmaß bekannten – Unsicherheit der Papiergrenze.

Innerhalb dieser Unsicherheit der Papiergrenze ist die Naturgrenze maßgeblich.

B Der Aufbau des Katasters

Der Kataster ist nach Katastralgemeinden angelegt und nach Grundstücken als kleinste territoriale Einheit geordnet. Er wird von den Vermessungsämtern geführt. Er besteht aus

- dem Buchwerk (Grundstücksverzeichnis),
- dem Kartenwerk (Katastralmappe),
- dem Zahlenwerk (technische Unterlagen zur Lagebestimmung der Festpunkte und der Grenzen der Grundstücke) und
- der Urkundensammlung (Geschäftsregister)

⇨ Bestandteile des Katasters.

Der Kataster umfasst sowohl verbindliche (die im Grenzkataster „einverleibten" Grundstücksgrenzen) als auch unverbindliche („Ersichtlichmachungen") Teile.

Er ist unbeschränkt öffentlich, dh jeder kann (im Vermessungsamt, bei verschiedenen Auskunftsstellen oder im Internet) Einsicht nehmen und Auszüge erhalten ⇨ Benützung des Katasters.

C Katastralgemeinde

Katastralgemeinden (KG) sind die dem Kataster und den Grundbüchern zugrunde liegenden Verwaltungseinheiten. Sie wurden um 1770 im Zusammenhang mit der Häusernummerierung geschaffen und 1785 als Steuergemeinden dem Josephinischen Kataster und später dem Grundsteuerkataster als Gliederungseinheit zugrunde gelegt.

Die Katastralgemeinde bildet die Grundlage für die Nummerierung der Grundstücke.

Rechtsnorm
§ 7 VermG
Katastralgemeinden sind diejenigen Teile der Erdoberfläche, die im Grundsteuer- oder Grenzkataster als solche namentlich bezeichnet sind.

1 Katastralgemeindenummer

Jede Katastralgemeinde hat zur leichteren und eindeutigen Bezeichnung einen Namen und eine Nummer. Die 5-stellige Katastralgemeindenummer identifiziert eine Katastralgemeinde eindeutig. Sie wird vom Bundesamt für Eich- und Vermessungswesen (BEV) vergeben.

Aus der Katastralgemeindenummer waren ursprünglich der Vermessungsbezirk und der Gerichtsbezirk unmittelbar ersichtlich. Durch Verwaltungsänderungen (Auflassung von Vermessungsämtern und Bezirksgerichten) ist dies jetzt nur mehr eingeschränkt möglich.

2 Ortsgemeinde

Die Katastralgemeinden (KG) waren die räumliche Grundlage der mit dem provisorischen Gemeindegesetz, RGBl 170/1849, geschaffenen (Orts-) Gemeinden. Die KG wurden entweder in Ortsgemeinden umgewandelt oder mehrere KG zu einer Ortsgemeinde zusammengefasst. Die Gemeindegliederung wurde durch Art VIII ReichsgemeindeG, RGBl 18/1862, aufrechterhalten und ist heute in Art 116 Abs 1 B-VG geregelt („Jedes Land gliedert sich in Gemeinden... Jedes Grundstück muss zu einer Gemeinde gehören").

Nach den Bestimmungen der österr Bundesverfassung ist der Wirkungsbereich der Gemeinden sowohl ein eigener als auch ein vom Bund oder vom Land übertragener, dh, dass die Gemeinden sowohl Gebietskörperschaften mit dem Recht auf Selbstverwaltung und zugleich Verwaltungssprengel sind.

Das von der Statistik Austria geführte Gemeindeverzeichnis bildet diese Verwaltungsgliederung ab. Es enthält alle Gemeinden Österreichs, jeder Gemeinde ist eine 5-stellige **Gemeindekennziffer** zugeordnet. Die 1. Stelle der Gemeindekennziffer gibt das Bundesland an, die ersten 3 Stellen sind ident mit der politischen Bezirkskennziffer.

3 25 21 = Rappottenstein: 3 Niederösterreich
25 Bezirk Zwettl
21 Gemeinde Rappottenstein

Das Gebiet einer Ortsgemeinde (politischen Gemeinde) kann eine oder mehrere KG umfassen.

Grenzen der Ortsgemeinden sind immer zugleich auch Grenzen der Katastralgemeinden und Grundstücksgrenzen.

Zur Vereinfachung der Organisation dürfen sich Grenzen von Katastralgemeinden, politischen Gemeinden und Sprengeln der Bezirksgerichte nicht überschneiden.

Am 1.7.2011 gab es in Österreich 7847 Katastralgemeinden, 2357 Ortsgemeinden, 140 Bezirksgerichte und 41 Vermessungsämter.

3 Ried

Riede sind Teile einer KG, die eine topographisch begrenzte Gruppe von Grundstücken umfassen und mit einem bei der Bevölkerung gebräuchlichen Namen bezeichnet sind.

Riednamen bezeichnen topographisch unterschiedliche Teile der Landschaft. Sie benennen Berge und Täler, Wälder und Felder und andere unbewohnte Örtlichkeiten außerhalb von Siedlungen. Sie enthalten über viele Jahrhunderte überliefertes Sprachgut und gestatten Rückschlüsse auf die Besiedlungsgeschichte. Sie dienen bis heute im ländlichen Raum der Benennung der Lage der Grundstücke. In Weinbaugebieten und landwirtschaftlich genutzten Gebieten ist die Riedbezeichnung für den Landwirt oder das Weinmarketing eine unerlässliche Adressierung.

4 Änderung von Katastralgemeinden

Die Neuschaffung, Auflassung, Änderung und Umbenennung von KG fällt in die Zuständigkeit des BEV. Vor jeder Änderung ist die Ortsgemeinde anzuhören; der Präsident des zuständigen Oberlandesgerichts muss der Änderung zustimmen.

Um jede nicht vertretbare Mehrbelastung der Grundbuchsgerichte und der Vermessungsämter zu vermeiden, sind **Änderungen von Katastralgemeinden** nur in folgenden Fällen durchzuführen:

- Änderung von Ortsgemeindegrenzen,
- Erhaltung der topographischen Abgrenzung,
- Interessen der Verwaltungsvereinfachung,
- (Um)Benennung der Katastralgemeinden zur Vermeidung von Verwechslungen.

Muster
Änderung der KG Lienz und Tristach

Gemäß § 7 des Vermessungsgesetzes, BGBl. Nr. 306/1968, zuletzt geändert durch das Bundesgesetz BGBl. I Nr. 100/2008, wird im Einvernehmen mit dem Präsidenten des Oberlandesgerichtes Innsbruck verordnet:

§ 1 (1) Die Grenze zwischen den Katastralgemeinden Lienz (Nr. 85020, Stadtgemeinde Lienz) und Tristach (Nr. 85038, Ortsgemeinde Tristach), beide Gerichts- und Verwaltungsbezirk Lienz, wird entsprechend der Verordnung der Tiroler Landesregierung vom 14. Dezember 2010, LGBl. Nr. 88/2010, geändert.

(2) Die neue Grenze wird – ausgehend von dem in der bisherigen Grenze gelegenen Grenzpunkt Nr. 8900 – durch die jeweils geradlinige Verbindung der Grenzpunkte Nr. 36389, 36390 und des in der bisherigen Grenze gelegenen Grenzpunktes Nr. 8903 gebildet.

(3) Die zeichnerische Darstellung des neuen Grenzverlaufes ist in den im Vermessungsamt Lienz aufliegenden technischen Unterlagen, GZ A 1288 – 1289/2010, einzusehen.

§ 2 Diese Verordnung tritt am Tag nach ihre Verlautbarung im „Amtsblatt für das Vermessungswesen“ in Kraft.

Wenn eine **Ortsgemeindegrenze** geändert wird, die zugleich die Grenze einer Katastralgemeinde bildet, ist eine Anpassung schon aus verwaltungstechnischen Gründen notwendig. Die Bestimmung ist aber nicht anzuwenden, wenn die Änderung der Ortsgemeindegrenze keinen Einfluss auf den Umfang der Katastralgemeinde hat; dies wäre der Fall, wenn das Gebiet einer Ortsgemeinde in zwei oder mehrere kleinere Gemeinden aufgeteilt wird.

Eine Änderung der Katastralgemeinde ist auch dann vorzunehmen, wenn etwa durch eine Bauführung der Lauf eines Baches oder Weges, der die **topographische Abgrenzung** bildet, geändert wird. Eine solche Maßnahme ist aus Gründen der leichteren Erkennbarkeit und Übersichtlichkeit erforderlich.

Die Veränderungen an Katastralgemeinden im Interesse der **Verwaltungsvereinfachung** betreffen vor allem die Auflassung von KG mit geringem Umfang, deren gesonderte verwaltungsmäßige Behandlung unwirtschaftlich ist.

Für die **Schreibweise des Namens einer KG** ist das vom BEV aufgelegte „Verzeichnis der KG“ verbindlich. Die Umbenennung einer KG ist anzuordnen, wenn dies durch die Neuschaffung einer KG oder zur Vermeidung von Verwechslungen notwendig ist.

a Exkurs: Verwaltungsgrenzen

Die Änderung von **Ortsgemeinden** liegt in der Kompetenz der Länder und ist in den Gemeindeordnungen bzw Stadtrechten geregelt. Änderungen in den Grenzen der Ortsgemeinden, durch die die Grenzen der Gerichtsbezirke berührt werden, bedürfen der Zustimmung der Bundesregierung.

Die Sprengel der **Bezirksgerichte** sind durch die Aufzählung der zugehörigen Ortsgemeinden (= politische Gemeinden) bestimmt. Änderungen in den Sprengeln der Bezirksgerichte werden durch Verordnung der Bundesregierung mit Zustimmung der Landesregierung verfügt.

Die **politischen Bezirke** sind durch die Aufzählung der zugehörigen Ortsgemeinden (= politische Gemeinden) bestimmt. Änderungen in den Sprengeln der politischen Bezirke werden durch Verordnung der Landesregierung mit Zustimmung der Bundesregierung verfügt.

Zur Änderung der **Landesgrenzen** sind aufgrund des Art 3 B-VG übereinstimmende Gesetze des Bundes und der betroffenen Länder erforderlich. Für Grenzbereinigungen innerhalb des Bundesgebietes genügen übereinstimmende Gesetze der betroffenen Länder.

Staatsverträge, mit denen die **Staatsgrenzen** geändert werden, dürfen nur mit Zustimmung der betroffenen Länder abgeschlossen werden.

<table>
<tr><td colspan="2">Republik Österreich</td></tr>
<tr><td colspan="2">Bundesland</td></tr>
<tr><td rowspan="2">politischer Bezirk</td><td>Vermessungsbezirk</td></tr>
<tr><td>Gerichtsbezirk</td></tr>
<tr><td colspan="2">Ortsgemeinde</td></tr>
<tr><td colspan="2">Katastralgemeinde</td></tr>
<tr><td colspan="2">Grundstück</td></tr>
</table>

Abb 5.1: Verwaltungsgliederung

Die **Verwaltungsgrenzdatenbank** beinhaltet die Grenzen der Verwaltungseinheiten:

- Katastralgemeindegrenzen,
- Politische Gemeindegrenzen,
- Gerichtsbezirksgrenzen,
- Grenzen der politischen Bezirke (Bezirkshauptmannschaften),
- Sprengelgrenzen der Vermessungsämter,
- Ländergrenzen und
- Staatsgrenzen

D Grundstück

Grundstücke sind nach der Definition in § 7a VermG jene Teile einer Katastralgemeinde, die im Kataster als solche mit einer eigenen Nummer bezeichnet sind. Gem § 7 Abs 1 VermG ist eine **Katastralgemeinde** als jener „Teil der Erdoberfläche“ definiert, der im Grenz- oder im Grundsteuerkataster als solcher namentlich bezeichnet ist. Daraus folgt, dass auch das Grundstück als ein „Teil der Erdoberfläche“ zu qualifizieren ist.

Die veralteten Ausdrücke „Parzelle“ oder „Grundparzelle“ entsprechen dem gesetzlich definierten Begriff „Grundstück“.

Grundstück
§ 7a VermG.

(1) Ein Grundstück ist jener Teil einer Katastralgemeinde,der im Grenzkataster oder im Grundsteuerkataster als solcher mit einer eigenen Nummer bezeichnet ist.
(2) Grundstücke werden durch Grundbuchsbeschluss oder im Zuge der Neuanlegung des Grundbuches neu gebildet oder gelöscht.

Die **Erdoberfläche** ist von Natur aus ein zusammenhängendes Ganzes. Die selbständige Einheit eines Teiles ergibt sich aus dem menschlichen Willen, einen begrenzten Teil für sich allein zu nutzen und Rechte daran zu begründen. Dies erfordert, diesen Teil genau zu bestimmen und gegen andere Teile abzugrenzen.

Abb 5.2: Bildung eines Grundstücks

Der Bestimmtheitsgrundsatz (Spezialitätsprinzip) des Grundbuchsrechts verlangt, dass der Gegenstand (das Objekt) des Rechtsverkehrs klar und eindeutig bestimmt ist. Damit die Erdoberfläche zu einem sachenrechtlichen Gegenstand werden kann, muss eine exakt abgegrenzte Sache, das Grundstück, definiert sein.

Aus der Zusammenschau der §§ 7 und 7a VermG ergibt sich, dass unter Grundstück ein Teil der Erdoberfläche zu verstehen ist, der durch seine flächenmäßige Ausdehnung ein räumliches Objekt darstellt und mit der Grundstücksnummer in Verbindung mit dem Namen der Katastralgemeinde eindeutig bezeichnet ist. Der Grundstücksbegriff des VermG gilt sowohl für den Kataster als auch das Grundbuch.

Hinweis

Nach dem Grundsteuerpatent war jede Grundfläche „nach Verschiedenheit der Kulturgattung, der Person des Eigentümers, der natürlichen oder künstlichen Begrenzung, in der topographischen Lage und Figur und in dem angenommenen Maßstabe" darzustellen. Zusammenhängende Grundflächen mit gleichen Eigentumsverhältnissen konnten daher mehrere „**Parzellen**" – und daher heute Grundstücke – bilden.

Im Grenzkataster wird die lotrechte Projektion der Grundstücksgrenzen auf die Bezugsfläche (⇨ System der Landesvermessung) nachgewiesen.

Zu jedem Grundstück wird Nummer, Nutzung, Fläche, allenfalls Adresse, Kennzahl des Bodenwerts, Qualitätsmerkmal rechtlicher und technischer Art, Herkunft (Pläne ab dem Jahr 1883) und – durch die Angabe der Einlagezahl (EZ) – die unmittelbare Verknüpfung zu den Eigentümerdaten des Grundbuchs geführt ⇨ Bestandteile des Katasters.

Hinweis
Abweichende Grundstücksbegriffe

Der Begriff „Grundstück" wird in verschiedenen Rechtsbereichen (Steuerrecht, Denkmalschutz, Planungsrecht ua) unterschiedlich verwendet.
So gilt etwa als Grundstück im Sinne des Grunderwerbssteuergesetzes (§§ 2 f GrEStG) nicht bloß das einzelne Grundstück, dh der im Kataster mit einer besonderen Nummer bezeichnete Teil der Erdoberfläche, sondern die Liegenschaft, dh alle in einem Grundbuchskörper (Grundbuchseinlage) zusammengefassten Grundstücke. Als Grundstück im Sinne des

GrEStG kann auch eine Mehrheit von Grundbuchskörpern zu verstehen sein, wenn diese eine wirtschaftliche Einheit bilden.
Das Umsatzsteuergesetz (§ 6 UStG 1994) versteht unter Grundstück auch Gebäude, die sich auf einer Liegenschaft befinden, Bäume, Baurechte oder Gebäude auf fremdem Boden (Superädifikate).
Auch im ABGB wird der Begriff Grundstück unterschiedlich verwendet (§§ 364b, 474, 486, 1319 ABGB).

1 Grundstücksnummer

a Getrennte und fortlaufende Nummerierung

In der ursprünglichen Katastralmappe des Grundsteuerkatasters wurden **Bauflächen und Flurstücke** getrennt nummeriert: die ersteren mit schwarzen, die letzteren mit roten Ziffern. Seit 1912 werden in der Katastralmappe alle Grundstücksnummern mit schwarzen Ziffern eingetragen und zur Unterscheidung bei Bauflächen vor die Grundstücksnummer ein Punkt gesetzt. Bei „getrennter Nummerierung" ist dieser Punkt Bestandteil der Grundstücksnummer (in der Praxis oft „Bauflächennummer" genannt). In ca 75 % der KG sind die Grundstücke getrennt nummeriert.

Bei Neuvermessungen wurden die Bauflächen und Flurstücke in numerischer Reihenfolge (fortlaufend) bezeichnet. Die Art der Nummerierung in einer KG ist aus der Aufschrift des Grundstücksverzeichnisses und auf jedem Auszug davon ersichtlich.

```
AUSZUG AUS DEM GRUNDSTÜCKSVERZEICHNIS            NUMMERIERUNG: fortlaufend
KATASTRALGEMEINDE: 01004 Innere Stadt                  GRENZKATASTER: TNA
VERMESSUNGSAMT: Wien
*************************************************************************
```

Abb 5.3: Aufschrift eines Grundstücksverzeichnisses

b Nummerierung bei Teilung

Über die Regeln für die Festlegung der Grundstücksnummern fehlt eine generelle (kundgemachte) Norm.

Bei der Teilung eines Grundstückes sind die als eigene Grundstücke entstehenden Grundflächen in **Bruchform** derart zu bezeichnen, dass der Zähler die Nummer des ursprünglichen Grundstückes (Stammgrundstück) und der Nenner eine mit 1 beginnende fortlaufende Unterteilungsnummer ist: zB Grundstück 416 wird geteilt in 416/1, 416/2 und 416/3 oder Bauflächengrundstück .100 in .100/1, .100/2 und .100/3.

Entstehen aus einem in Bruchform bezeichneten Grundstück weitere Grundstücke, so erhält ein Grundstück die ursprüngliche Bruchzahl, die übrigen Grundstücke sind in Bruchform mit dem gleichen Zähler und mit den dem letzten verwendeten Nenner folgenden Zahlen zu bezeichnen: zB Grundstück 416/1 wird geteilt in 416/1, 416/4 und 416/5 oder Bauflächengrundstück .100/3 in .100/3, .100/4 und .100/5.

Werden nur die Grenzen zwischen zwei Grundstücken geändert, so werden die bisherigen Nummern beibehalten.

Eine Änderung des Grundstückes müsste logisch auch eine Änderung der Nummer zur Folge haben. Die Beibehaltung der Nummer in jenen Fällen, in denen Teilflächen zu- oder abgeschrieben werden, entspricht jedoch dem Empfinden der Grundeigentümer, die ihr Grundstück auch nach geringfügigen Änderungen der Fläche oder der Grenzen als „ident" empfinden. Zur eindeutigen Identifizierung des Objektes ist neben der Nummer daher auch die zeitliche Komponente („Veränderungshinweis") heranzuziehen.

c Nummerierung bei Vereinigung

Werden zwei oder mehrere Grundstücke vereinigt, so ist das neue Grundstück mit der Grundstücksnummer zu bezeichnen, die den Anschluss an die umliegenden Grundstücke am besten vermittelt. Hiebei ist darauf zu achten, dass nicht die höchste Grundstücksnummer der KG, bei Bruchzahlen nicht die Grundstücksnummer mit dem größten Nenner, bei Vereinigung von Grundstücken mit Flurstücksnummer und Bauflächennummer die Bauflächennummer gelöscht wird.

Gelöschte Grundstücksnummern dürfen, um Verwechslungen zu vermeiden und die Veränderungsdaten des Grundstücksverzeichnisses eindeutig lesbar zu bewahren, nicht mehr verwendet werden.

d Fortgesetzte Nummerierung

Bei der fortgesetzten Grundstücksnummerierung sind sowohl bei der fortlaufenden als auch bei der getrennten Nummerierung **neu entstehende Grundstücke** im Anschluss an die bisher höchste Grundstücksnummer der KG (bei getrennter Nummerierung die höchste Flurstücksnummer) zu nummerieren.

Diese Art der Nummerierung ist anzuwenden:

- beim **Zuwachs** von Grundstücken anlässlich der Änderung von KG,
- bei der Änderung von Lage, Form und Anzahl der Grundstücke im Zuge von **Agrarverfahren,**
- bei umfangreichen Teilungen, zB Schaffung bebaubarer Grundstücke, wenn dadurch Bruchzahlen mit großem Nenner vermieden werden und die Gesamtanzahl der für Zähler und Nenner verwendeten Ziffern vermindert wird, zB 3627, 3628 ... anstelle von 1452/168, 1452/169, ...

Die Schaffung neuer Bauflächennummern ist grundsätzlich nicht vorgesehen. Damit wird die Tendenz zur einheitlichen fortlaufenden Grundstücksnummerierung unterstrichen.

2 Grundstücksfläche

Die Flächengröße ergibt sich aufgrund vermessungstechnischer Ermittlungen: Im **Grenzkataster** werden die Flächen der Grundstücke aus den Koordinaten der Grenzpunkte berechnet. Aber auch bei der exakten Flächenermittlung aus Koordinatenwerten ist mit einer geringen Restunsicherheit zu rechnen, weshalb der Gesetzgeber die Flächenangabe von den verbindlichen Daten des Grenzkatasters ausgenommen hat.

Die im **Grundsteuerkataster** enthaltenen Flächen, die überwiegend aus einer graphischen Flächenermittlung hervorgegangen sind, weisen eine sich aus diesem Verfahren ergebende beschränkte Genauigkeit auf. Die Grundstücke wurden auf der Urmappe in einfache Rechnungsfiguren eingeteilt, die erforderlichen Maße wurden aus der Mappe mit Zirkel und Transversalmaßstab abgegriffen. Im Zuge der Uraufnahme sind bei der Erfassung der Grundstücksgrenzen in der Örtlichkeit, bei der Übertragung des Kartenbildes auf Druckvorlagen und bei der Maßentnahme aus den Blättern möglicherweise in das Ergebnis der Flächenermittlung weitere Unsicherheiten hineingetragen worden. Deshalb sieht das VermG vor, dass Flächenangaben lediglich ersichtlich gemacht werden und ihnen keine weitergehende rechtliche Wirkung zukommt.

Die Angabe der Fläche eines Grundstücks im Kataster genießt in Österreich nicht öffentlichen Glauben und ist rechtlich gesehen eine **Ersichtlichmachung**, aus der kein Rechtsanspruch abgeleitet werden kann. Allerdings ist die wirtschaftliche Bedeutung des Flächenausmaßes groß: Es ist die Grundlage für die Bewertung und Besteuerung von Grund und Boden (zB Liegenschaftsbewertung, Grundsteuer) und kann Rechtsverhältnisse begründen (zB Teilungsverbote, Bildung von Eigenjagden). Fehlerhafte Ersichtlichmachungen des Flächenausmaßes können daher rechtliche und wirtschaftliche Auswirkungen auf den Nutzer dieser Angaben haben.

Die Qualität der angegebenen Flächenausmaße ist in Abhängigkeit von den messtechnischen Möglichkeiten, die bei der Flächenermittlung zur Verfügung standen, sehr unterschiedlich. Dies ist bedingt auch aus der Flächenangabe in der Grundstücksdatenbank erkennbar:

Die im Grundstücksverzeichnis enthaltenen Flächen weisen zwei verschiedene **Genauigkeitsstufen** auf, je nachdem wann und wie die Bestimmung dieser Flächen erfolgte:

- Flächen, die im Grundstücksverzeichnis mit einem „*" gekennzeichnet sind, wurden aus Koordinaten oder Maßzahlen berechnet und stammen aus Vermessungsplänen. Diese Flächenangaben stimmen im Allgemeinen bis auf wenige m² mit jenen überein, die aus der Digitalen Katastralmappe (DKM) automationsunterstützt ermittelt werden können.
- Alle anderen Flächen haben nach wie vor nur die Genauigkeit der grafischen Flächenbestimmung aus der Urvermessung (1817 bis 1865) und weisen gegenüber den DKM-Flächen Differenzen auf.

AUSZUG AUS DEM GRUNDSTÜCKSVERZEICHNIS NUMMERIERUNG: getrennt
KATASTRALGEMEINDE: 45102 Enns GRENZKATASTER: TNA
VERMESSUNGSAMT: Linz
****

GST-NR	G	MBL-BEZ	BA (NUTZUNG)		FLÄCHE	EMZ	VHW	GB-NR	EZ
141/2		5435-61/1	LN (Acker)		944	185	7/65		54
114/7	G	5435-61/1	LN (Acker)	*	1447	520	2/93		54
.89	G	5435-61/1	Baufl.(Gebäude)	*	93		2/93		54

****

Abb 5.4: Muster Auszug aus dem Grundstücksverzeichnis

Durch die digitale Erfassung der Grundstücksgrenzen aus der zuvor „händisch" geführten Katastralmappe bietet sich nun die Möglichkeit, mit Hilfe der grafischen Datenverarbeitung auf einfache Weise die Flächen aus der Grundstücksgrafik zu ermitteln. Die Genauigkeit der Flächenangaben bleibt dadurch aber unverändert! Lediglich die grafische Bestimmungsmethode ist durch die neue Technik einfacher und besser geworden.

E Benützungsarten

Der Grenzkataster hat in Bezug auf Benützungsarten die Aufgabe, die tatsächlichen (oder rechtlich zulässigen) Benützungsarten möglichst richtig und vollständig wiederzugeben, ohne dass jedoch eine weitere Rechtsfolge mit dieser Ersichtlichmachung verbunden wäre. Benützungsarten und Nutzungen sind Informationen über den Naturzustand auf der Erdoberfläche.

Der Begriff „**Benützungsart**" soll vor allem zum Ausdruck bringen, dass die Vermessungsbehörde nur die tatsächliche Nutzung einer Grundfläche feststellt. Er bietet auch eine eindeutige Abgrenzung zu den in anderen Rechtsvorschriften enthaltenen Bezeichnungen wie Kultur, Kulturart, Kulturgattung und andere.

Die Benützungsart bezeichnet die tatsächliche Bodennutzung. Die im Kataster ausgewiesene Benützungsart ist eine generalisierende Angabe, da sie Merkmale, die für eine bestimmte Nutzung typisch sind, zu einem Oberbegriff zusammenfasst. Dies erlaubt eine ausreichende Differenzierung bei vertretbarem Aufwand für die Aktualisierung.

Das VermG unterscheidet folgende Benützungsarten:

- **Bauflächen** sind baulich genutzte Flächen und solche, die in ihrer überwiegenden Nutzung diesen dienen. Bauflächen werden stets gesondert ausgewiesen und keiner anderen Benützungsart zugerechnet.
- **Landwirtschaftlich genutzte Grundflächen** sind Flächen zur Gewinnung jeglicher Art von Feldfrüchten, gemähte, beweidete und ungenutzte Flächen im Bereich der Landwirtschaft.
- **Gärten** sind Haus-, Zier- und Vorgärten in Verbindung mit Gebäuden sowie Kleingärten oder im Siedlungsgebiet liegende Flächen, die Bebauungsabsicht erkennen lassen.
- **Weingärten** sind Flächen, die mit Weinreben bestockt sind. Unvermeidliche Abweichungen zu weinbaurechtlichen Sachverhalten werden durch rechtliche Zusatzsymbole ersichtlich gemacht.
- **Alpen** sind Vegetationsflächen oberhalb und außerhalb der höhenbezogenen Dauersiedlungsgrenze, die vorwiegend durch Beweidung während der Sommermonate genutzt werden, sowie die in regelmäßigen Abständen gemähten Dauergrasflächen im Almbereich.
- **Wald** sind mit forstlichen Holzgewächsen bestockte und unbestockte Flächen (wie Forststraßen) iSd §§ 1a und 2 des Forstgesetzes 1975. Unvermeidliche Abweichungen zu forst-

rechtlichen Sachverhalten werden durch rechtliche Zusatzsymbole ersichtlich gemacht.

- **Gewässer** sind Flächen, die der Aufnahme von fließendem oder stehendem Wasser bis zum regelmäßig wiederkehrenden höchsten Wasserstand dienen, dazugehörige Damm- und Böschungsflächen sowie nicht land- und forstwirtschaftlich nutzbare Feuchtgebiete.
- **Sonstige:** Als sonstige Benützungsart werden unterschieden:
  - Straßenverkehrsanlagen,
  - Schienenverkehrsanlagen,
  - Verkehrsrandflächen,
  - Parkplätze,
  - Betriebsflächen,
  - Abbauflächen, Halden und Deponien,
  - Freizeitflächen,
  - Friedhöfe,
  - Fels- und Geröllflächen,
  - Vegetationsarme Flächen,
  - Gletscher.

Neben der Darstellung der tatsächlichen Nutzung in der Natur bietet der Kataster auch **rechtliche Zusatzinformationen**, die sich aufgrund anderer gesetzlicher Bestimmungen ergeben Der Kataster unterscheidet zB bei Wald einerseits zwischen tatsächlicher Nutzung und andererseits Flächen, die dem Forstzwang unterliegen, ohne bewaldet zu sein.

Die Ausweisung der Benützungsart eines Grundstücks nach dem VermG hat keine konstitutive Wirkung für die Flächenwidmung. Während die Benützungsarten und Nutzungen auf die aktuelle Verwendung der Grundstücke hinweisen, handelt es sich bei **Widmungen** um die aus öffentlich-rechtlichen Festlegungen zulässige Verwendung der Grundflächen, die in ⇨ Flächenwidmungsplänen und ⇨ Bebauungsplänen normiert sind. Die Raumplanung und das öffentliche Baurecht sorgen vorausschauend für eine nachhaltige Nutzung des Bodens, während der Kataster die bestehenden Zustände feststellt und dokumentiert.

Ein Grundstück kann Flächen verschiedener Nutzung umfassen; es besteht aus einem oder mehreren Benützungsabschnitten. **Benützungsabschnitte** sind alle zu einem Grundstück gehörigen Flächen gleicher Benützungsart.

Die Abgrenzungen der Benützungsabschnitte können mit verminderter Genauigkeit eingemessen und dargestellt werden.

Der **Ausweis der Benützungsarten** weist die jeweilige Anzahl und die Summenflächen der Benützungsarten aus.

GRUNDSTÜCKSDATENBANK REGIONALINFORMATION
BUNDESGEBIET ÖSTERREICH

AUSWEIS DER BENÜTZUNGSARTEN

STAND 2011-01-01

BENÜTZUNGSART	NUTZUNG	ANZAHL	FLÄCHE ha a qm
		ha a qm	ha a qm
BAUFLÄCHEN		5 343 310	245 470 11 72
	Gebäude	2 651 236	62 973 89 23
	befestigt	475 691	15 283 66 66
	begrünt	2 213 741	167 131 10 35
	nicht näher unterschieden	2 642	81 45 48
LANDW. GENUTZT		4 329 869	2 543 778 38 27
GÄRTEN		66 990	33 665 13 67
	davon Erholungsflächen	41 481	20 759 89 96
WEINGÄRTEN		226 528	50 116 58 35
ALPEN		90 514	813 401 23 04
WALD		2 363 053	3 649 851 81 16
GEWÄSSER		148 700	146 123 18 46
	fließend	95 701	72 812 43 95
	stehend	44 077	58 975 26 20
	Sumpf	8 780	14 285 38 58
	nicht näher unterschieden	142	50 09 73
SONSTIGE		1 359 265	906 162 57 36
	Straßenanlagen	1 108 850	186 530 17 55
	Bahnanlagen	11 567	15 774 15 59
	Abbauflächen	14 226	11 869 38 37
	Ödland	43 314	643 204 59 58
	nicht näher unterschieden	181 308	48 784 26 27
GESAMTFLÄCHE DES BUNDESGEBIETES		: (2011-01-01)	8 388 569 02 03

Abb 5.5: Ausweis der Benützungsarten

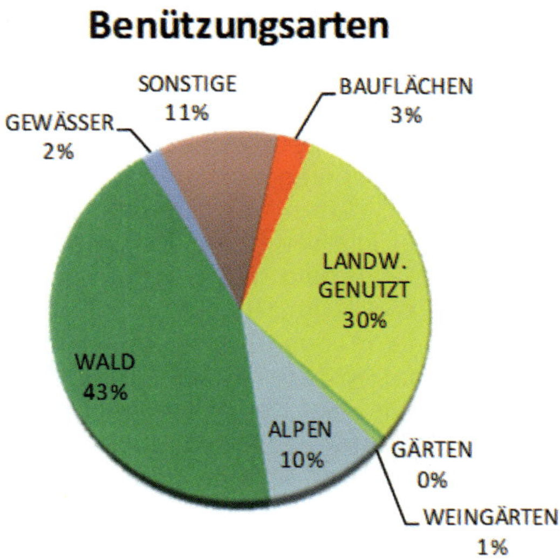

Abb 5.6: Aufteilung der Benützungsarten

F Umwandlung vom Grundsteuer- in den Grenzkataster

Unter der Umwandlung versteht man die Einverleibung von Grundstücken in den Grenzkataster und damit die Schaffung eines verbindlichen Grenznachweises. Voraussetzung ist die Einhaltung zwingender Formvorschriften: Nur wenn alle betroffenen Anrainer dem Verlauf der Grundstücksgrenzen vor Ort zugestimmt haben, die Grenzpunkte im Anschluss an das Festpunktfeld vermessen und in einer öffentlichen Urkunde dokumentiert sind, können sie denselben Vertrauensschutz wie Eintragungen im Grundbuch genießen.

Bei der Umwandlung des Grundsteuerkatasters in den Grenzkataster sind zwei Verfahrensarten zu unterscheiden:

Bei der „**Allgemeinen Neuanlegung des Grenzkatasters**" (ANA) werden alle Grundstücke einer Katastralgemeinde von Amts wegen in den Grenzkataster umgewandelt. In technischer Hinsicht entspricht das Verfahren der früheren Neuvermessung einer ganzen Katastralgemeinde: Alle Grenzen werden mit den betroffenen Grundeigentümern verhandelt, in einer Niederschrift festgehalten, die Grenzpunkte gekennzeichnet und sodann vermessen. Der Entwurf des Grenzkatasters wird einem Ediktalverfahren (Richtigstellungsverfahren) unterzogen und abschließend mit Verordnung in Kraft gesetzt (§§ 21 bis 32 VermG).

Bei der „**Teilweisen Neuanlegung des Grenzkatasters**" (TNA) einer Katastralgemeinde erfolgt die Umwandlung grundstücksweise auf Antrag des Grundeigentümers oder im Zusammenhang mit einer für andere Zwecke erfolgten Grenzvermessung (Teilung, Zusammenlegung landwirtschaftlicher Grundstücke etc), wenn die Grenzen des Grundstücks zur Gänze vermessen wurden und alle Nachbarn dem Grenzverlauf in Form einer „Zustimmungserklärung" zugestimmt haben. Die Umwandlung wird mit Bescheid verfügt (§§ 16 bis 20 VermG).

Die Einverleibung in den Grenzkataster erfolgt im Grundstücksverzeichnis des Katasters: Der Grundstücksnummer wird ein „G" nachgestellt. In der Katastralmappe werden die Grundstücke des Grenzkatasters dadurch kenntlich gemacht, dass die Grundstücksnummer mit einer unterbrochenen Linie (_ _ _) unterstrichen wird.

> Derzeit sind etwa 1,440.000 Grundstücke dem **Grenzkataster** einverleibt, das entspricht ca 14 % der Grundstücke Österreichs.

1 Teilweise Neuanlegung des Grenzkatasters

Die teilweise Neuanlegung fällt in den Wirkungsbereich der Vermessungsämter. Die Voraussetzungen zur Einleitung des Verfahrens (Vorhandensein des Festpunktfeldes) sind vom Vermessungsamt zu schaffen.

Die **grundstücksweise Umwandlung** des Grundsteuerkatasters in den Grenzkataster erfolgt:

- auf Antrag des Eigentümers unter Anschluss des Planes eines Vermessungsbefugten,
- auf Grund einer Grenzvermessung des Vermessungsamtes,
- nach einer Grenzvermessung durch einen Vermessungsbefugten hinsichtlich der Grundstücke, deren Grenzen zur Gänze von der Grenzvermessung erfasst sind und für die eine Zustimmungserklärung der Eigentümer der angrenzenden Grundstücke zum Verlauf der Grenze beigebracht wird,
- nach einem Verfahren der Agrarbehörden in Angelegenheiten der Bodenreform hinsichtlich der Grundstücke, deren Grenzen zur Gänze von der Grenzvermessung erfasst sind,
- von Amts wegen wenn alle an ein Grundstück angrenzenden Grundstücke bereits im Grenzkataster enthalten sind,
- von Amts wegen nach einer Grenzermittlung hinsichtlich der Grundstücke, deren Grenzen zur Gänze von der Grenzverhandlung erfasst worden sind.

Die Umwandlung ist mit Bescheid zu verfügen und nach Eintritt der Rechtskraft desselben im Grundstücksverzeichnis einzutragen.

Den Plänen der Vermessungsbefugten sind Protokolle anzuschließen, aus denen sich die Zustimmung der Eigentümer der angrenzenden Grundstücke zum Grenzverlauf ergibt. Soweit solche Zustimmungserklärungen nicht zu erlangen waren, hat das Protokoll eine Erklärung des Planverfassers hierüber unter Angabe der Namen und Adressen der betreffenden Eigentümer zu enthalten.

Die Eigentümer der angrenzenden Grundstücke, für die keine Zustimmungserklärung beigebracht worden ist, werden vom Vermessungsamt von der beabsichtigten Umwandlung unter Anschluss einer Belehrung über die Rechtsfolgen der Umwandlung in Kenntnis gesetzt. Werden innerhalb von vier Wochen nach Zustellung keine Einwendungen gegen die beabsichtigte Umwandlung erhoben, so gelten die im Plan dargestellten Grenzen als anerkannt.

2 Allgemeine Neuanlegung des Grenzkatasters

Die allgemeine Neuanlegung (ANA) fällt in den Wirkungsbereich des Bundesamtes für Eich- und Vermessungswesen. Das Verfahren ist durchzuführen:

- zur Ergänzung des Grenzkatasters in Katastralgemeinden, in denen die überwiegende Mehrheit der Grundstücke bereits im Grenzkataster enthalten ist und die restlichen Grundstücke des Grundsteuerkatasters von einem ANA-Verfahren in einem wirtschaftlich vertretbaren Zeitraum erfasst werden können,
- zur Wiederherstellung eines vernichteten oder unbrauchbar gewordenen Grenzkatasters.

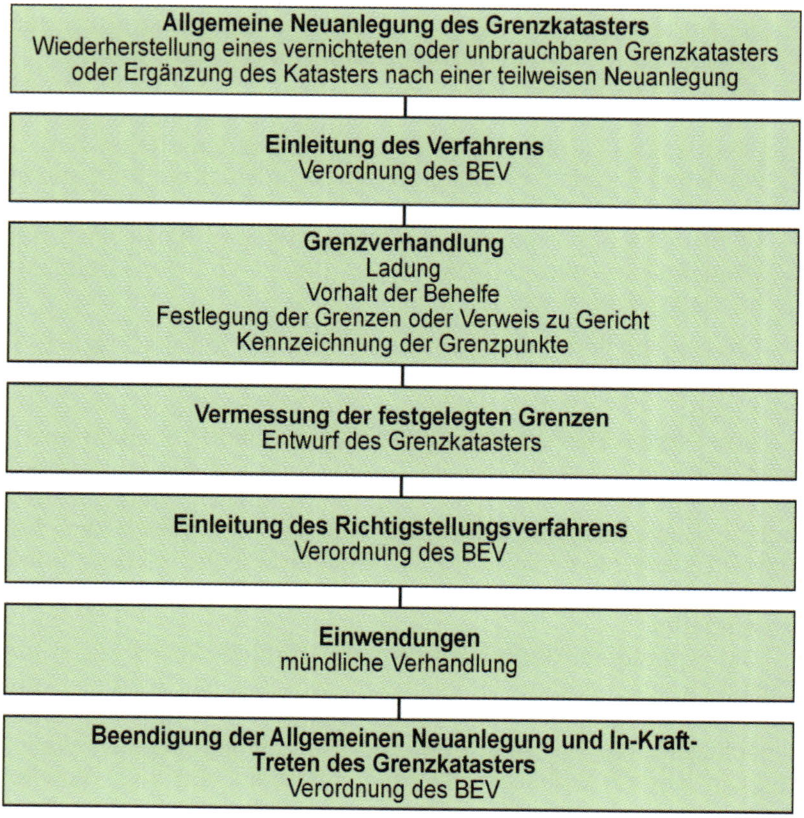

Abb 5.7: Verfahrensablauf ANA

VI Bestandteile des Grenzkatasters

Der Kataster besteht

- aus einem beschreibenden Teil (Katasterbücher oder „Grundstücksverzeichnis"),
- einem darstellenden, graphischen Teil (Katasterkartenwerk oder „Katastralmappe"),
- einem Zahlennachweis des Vermessungswerkes (Koordinatenverzeichnisse) sowie
- einem Nachweis der Eintragungsgrundlagen (Urkundensammlung oder „Geschäftsregister").

Das VermG fasst die Koordinatenverzeichnisse, die Katastralmappe und das Geschäftsregister unter dem Oberbegriff „technisches Operat" zusammen und führt das Verzeichnis der geocodierten Adressen als „Adressregister" gesondert an.

A Grundstücksverzeichnis

Das Grundstücksverzeichnis enthält für jedes Grundstück

- die Grundstücksnummer,
- die Benützungsarten der Benützungsabschnitte,
- dessen Gesamtflächenausmaß,
- das Flächenausmaß der einzelnen Benützungsabschnitte,
- sonstige Angaben zur leichteren Kenntlichmachung und
- die Eintragungen.

```
AUSZUG AUS DEM GRUNDSTÜCKSVERZEICHNIS                 NUMMERIERUNG: fortlaufend
KATASTRALGEMEINDE: 01004 Innere Stadt                      GRENZKATASTER: TNA
VERMESSUNGSAMT: Wien
*****************************************************************************
  GST-NR  G   MBL-BEZ BA (NUTZUNG)      FLÄCHE    EMZ        VHW  GB-NR   EZ
   817        7635-67/3                   5670          499/2004        1234
                        Baufl.(Gebäude)    T  5373
                        Baufl.(befestigt)  T   256
                        Sonstige           T    41
                        (Straßenanlage)
                        Stephansplatz 1
*****************************************************************************
   EZ  LNR EIGENTÜMER
  1234   1 ANTEIL: 1/1
           Römisch-katholische Metropolitan- und Pfarrkirche zu St. Stefan in
           Wien
           ADR:
```

Abb 6.1: Auszug aus dem Grundstücksverzeichnis

Das Grundstücksverzeichnis enthält sämtliche Grundstücke einer Katastralgemeinde in aufsteigender Nummerfolge. Die in den **Grenzkataster** eingetragenen Grundstücke sind durch ein „G“ nach der Grundstücksnummer besonders gekennzeichnet.

Zu den sonstigen Angaben gehören die Nummer des Mappenblattes (MBL-BEZ), auf der das Grundstück dargestellt ist, der Veränderungshinweis (VHW), die Ertragsmesszahl (EMZ) aus der Bodenschätzung, die Grundbuchseinlagezahl (EZ) und die Grundstücksadresse.

Im Kataster werden für jedes Grundstück auch Informationen über seine (tatsächliche) Nutzung geführt. Weist ein Grundstück mehrere Einzelflächen mit verschiedenen Nutzungen auf, sind diese als einzelne **Benützungsabschnitte** innerhalb eines Grundstücks in der Katastralmappe ausgewiesen. Darüber hinaus scheinen sie auch mit ihren jeweiligen Teilflächen innerhalb des Grundstücks im Grundstücksverzeichnis auf.

Die Angaben der Nutzungen, die auch im Grundbuchsauszug ersichtlich gemacht werden, stehen in keinem Zusammenhang mit der Widmung eines Grundstücks nach den Festlegungen des Flächenwidmungsplanes. So können durchaus landwirtschaftlich genutzte Flächen innerhalb des gewidmeten Baulandes liegen. Umgekehrt sagt die Nutzung „Baufl (Gebäude)“ nicht, ob das Grundstück im Bauland liegt.

Veränderungshinweis

Veränderungen an Grundstücken, die Eintragungen in den Kataster bewirken, werden dokumentiert. Alle dazugehörigen Unterlagen werden im Technischen Operat des Vermessungsamtes katastralgemeindeweise und jahrgangsweise abgelegt. Die Nummer und das Jahr der betreffenden Unterlagen sind aus dem Veränderungshinweis (Vhw) zu ersehen.

Die entsprechenden Unterlagen können im zuständigen Vermessungsamt eingesehen werden.

BEV - Bundesamt für Eich- und Vermessungswesen

historisches GstVz Druck/PDF

Vermessungsamt: Graz
Katastralgemeinde: Semriach (63027)

Vermessungsamt: Graz

Grundstücksverzeichnis - Veränderungshinweise aus der Katastralgemeinde: Semriach (63027)
Nummerierung: getrennt

Grundstücks-nummer	historische und aktuelle Veränderungshinweise
280/6	5/1976
280/7	5/1976
280/8	5/1976
280/9	12/1979, 499/2000
281/1	24/1966, 14/1979, 2/1983, 2/2003, 3/2007
281/2	24/1966, 14/1979, 2/1983, 4/1992, 2/2003, 3/2007
281/3	24/1966, 4/1992, 2/2003, 3/2007
281/4	24/1966, 2/2003
281/5	24/1966, 2/2003
281/6	24/1966

Abb 6.2: Veränderungshinweise

B Katastralmappe

Die Digitale Katastralmappe (**DKM**) ist der grafische Datenbestand des Katasters im System der Landesvermessung in digitaler Form in einem exakt definierten Format.

Die Daten sind mit dem Grundstücksverzeichnis und dem Punktverwaltungssystem konsistent.

In der Katastralmappe werden dargestellt

- die Grenzen der Grundstücke,
- die Nummern der Grundstücke,
- die Grenzpunktnummern,
- die Abgrenzungen der Benützungsabschnitte,
- die Benützungsart,
- die Festpunkte,
- die Benennung von Verkehrswegen und Gewässern,
- sonstige Linien und Beschriftungen.

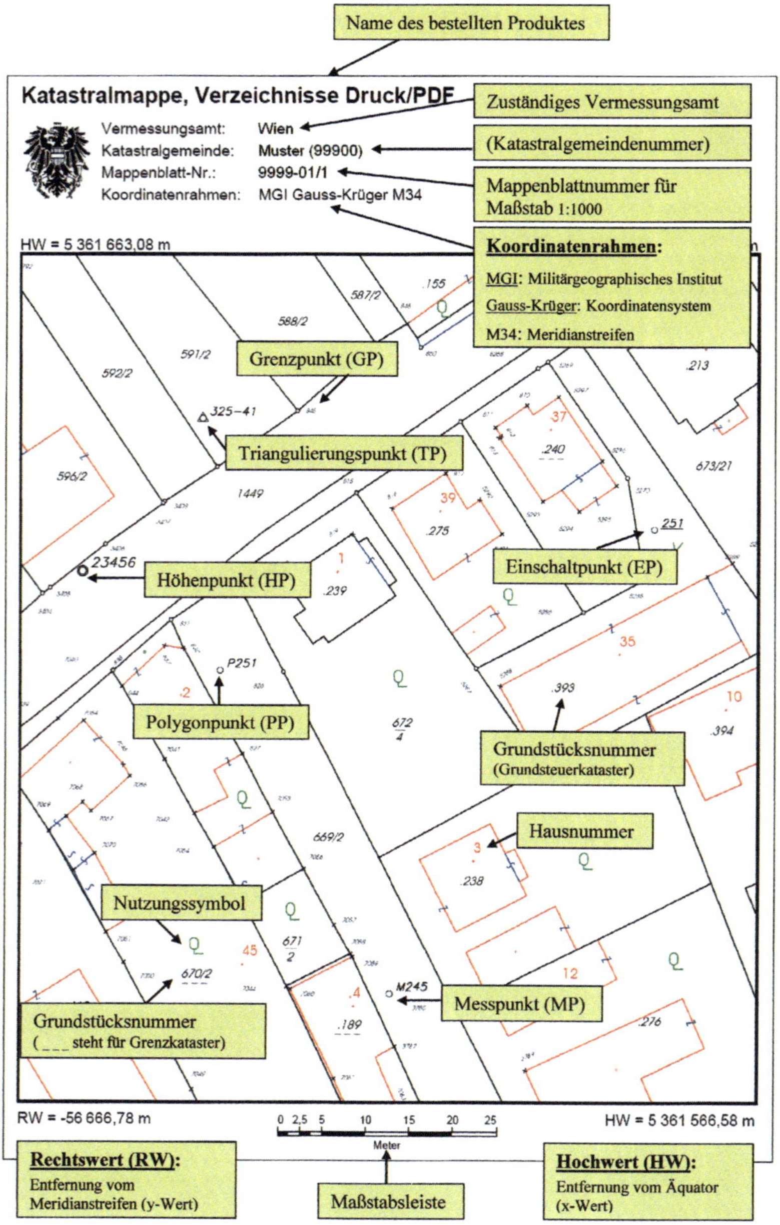

Abb 6.3: Inhalt der DKM

Die in den **Grenzkataster** eingetragenen Grundstücke sind durch strichlierte Unterstreichung der Grundstücksnummer besonders gekennzeichnet.

1 Entwicklung der Katastralmappe

Die Urmappe entwickelte sich zur Digitalen Katastralmappe in folgenden Schritten:

- Urmappe (1817-1861)
- Reambulierung (1896-1897)
- einzelne Neuvermessungen bzw Agrarische Operationen (ab 1887)
- Blattschnitt und Blattnummerierung in der Gauß-Krüger-Projektion für neuvermessene KG (ab 1921)
- Umbildung auf die Maßstäbe 1:1000 bzw 1:2000 und den Blattschnitt im Gauß-Krüger-System (1969 bis ca 1987)
- Anlegung der Digitalen Katastralmappe (1987-2003)

Bei der ursprünglichen Katastralmappe wurden die Mappenblätter für jede Katastralgemeinde in Form von Inselkarten separat erstellt, nummeriert und auch geführt. Der Blattschnitt orientierte sich am jeweiligen lokalen Koordinatensystem.

Blattschnitt

Von einer **Inselkarte** spricht man, wenn auf einem Kartenblatt ein in sich geschlossenes, meist unregelmäßig begrenztes Gebiet (idR eine Katastralgemeinde) dargestellt ist, die Kartendarstellung also nur dieses Gebiet umfaßt und der Rest des Blattes von zeichnerischen Darstellungen frei bleibt.
Bei **Rahmenkarten** reicht die zeichnerische Darstellung bis zum Kartenrahmen eines jeden Kartenblattes (die idR von Koordinatenlinien gebildet wird). Das darzustellende Gebiet wird so auf mehrere Blätter aufgeteilt, dass die jeweils bis zum Kartenrahmen reichenden zeichnerischen Darstellungen, ohne sich zu überlappen, insgesamt das darzustellende Gebiet lückenlos erfassen.
Die Frage des Blattschnittes stellt sich nicht mehr, wenn die Katastralmappe in digitaler und blattschnittfreier Form geführt wird.

a Vom Papier zur Folie

Ein wesentlicher Schritt in der Entwicklung der Katastralmappe war – historisch und technisch gesehen – der Umstieg vom Zeichenträger Papier auf Folien (Ozaphan bzw später das wesentlich festere Astralon), da damit auch der Inhalt der Katastralmappe verändert wurde. Bei der Führung der Katastralmappe auf Papier wurden alle wegfallenden Inhalte (Grenzlinien, Punkte, Nutzungssymbole) durch rote Doppelstriche gelöscht und die neuen Inhalte in roter Farbe ergänzt. Damit waren alle Änderungen direkt in der Katastralmappe sichtbar.

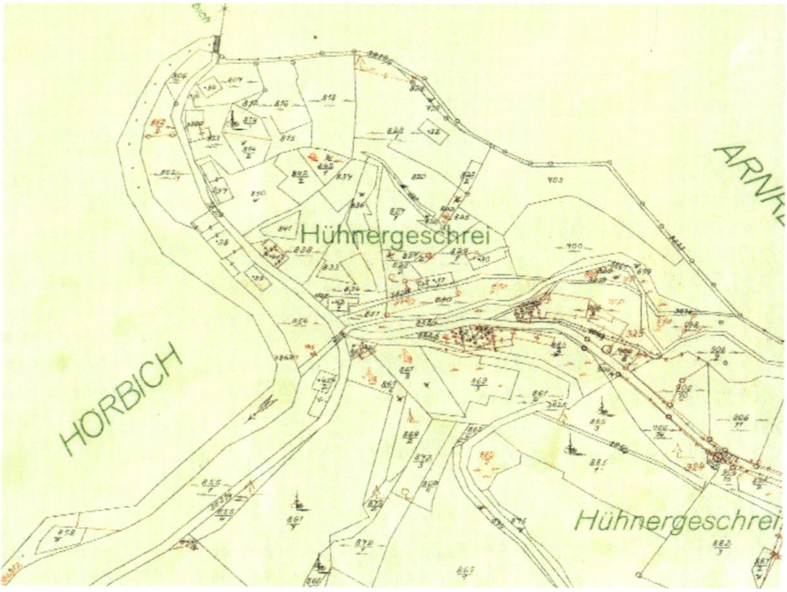

Abb 6.4: Katastralmappe auf Papier

Beim Wechsel auf die Folie als Zeichenträger wurden die wegfallenden Inhalte ausgekratzt und die neuen Elemente mit schwarzer Farbe (Tusche) ergänzt. Seit diesem Zeitpunkt zeigt die Katastralmappe den aktuellen Stand des Katasters. Alle Veränderungen können an Hand der Urkunden im technischen Operat nachvollzogen werden.

b Umbildung

Die Umbildung der Katastralmappe war die mit dem Übergang auf das System der Landesvermessung verbundene Erneuerung der Katastralmappe und der Umstieg auf eine neue Maßstabsreihe. Der Maßstab der Katastralmappe wurde von 1:2880 (bzw 1:720, 1:1440 oder 1:5760) auf den Maßstab 1:1000, 1:2000 oder ausnahmsweise 1:5000 verändert.

Die Katastralmappe wurde bei der Umbildung vergrößert und in den Rahmen des Landessystems mittels sorgfältig ausgewählter Linien und Punkte eingepasst. Unterstützt durch photogrammetrische Auswertungen wurden lokale Verdrehungen und Verzerrungen möglichst beseitigt.

Entsprechend den Erfordernissen wurden folgende Grundlagen herangezogen:

- Punktauftragungen auf Grund von Koordinaten im System der Landesvermessung,
- Photogrammetrisch ausgewertete Einpasslinien,
- Einpasslinien bzw -punkte auf Grund von Transformationen identer Linien bzw Punkte,
- Vergrößerungen bzw Verkleinerungen der bisherigen Katastralmappe,
- Pläne und Unterlagen amtsfremder Stellen (zB Bestandspläne).

Nach diesen Vorbereitungsarbeiten wurde die Katastralmappe neu gezeichnet und alle Inhalte der bisherigen Katastralmappe übertragen. Zum Abschluss wurde die neu aufgelegte Katastralmappe sorgfältig überprüft.

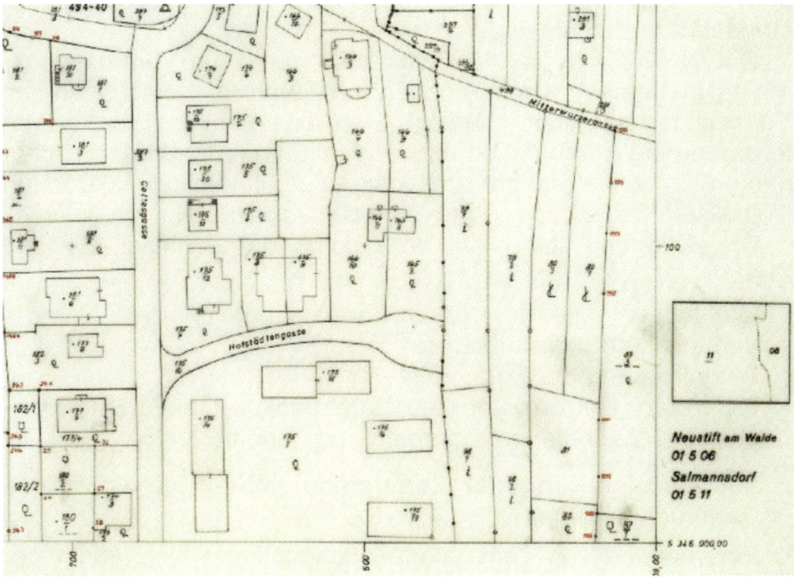

Abb 6.5: Katastralmappe auf Astralon

Die Arbeiten zur Umbildung wurden bis zum Beginn der Anlegung der Digitalen Katastralmappe im Jahre 1987 fortgeführt, danach erfolgten diese Umbildungsschritte zusammen mit der Digitalisierung der Katastralmappe.

c Die Anlegung der Digitalen Katastralmappe

Die Notwendigkeit zur Anlegung der Digitalen Katastralmappe (DKM) ergab sich einerseits aus den Bestimmungen des § 9 Abs 4 VermG: *„Der Grenzkataster ist mit Hilfe der automationsunterstützten Datenverarbeitung (**Grundstücksdatenbank**) zu führen"*, andererseits aus dem Wunsch der Wirtschaft (Immobilienwesen, Banken, Notare, Ingenieurkonsulenten, Energieversorger) und der Verwaltung (EU, Bund, Länder und Gemeinden) nach digitalen boden- und grundstücksbezogenen Daten für die Planungs- und Verwaltungstätigkeit.

Die DKM ist zentraler Bestandteil eines raumbezogenen Informationssystems, das flächendeckend im System der Landesvermessung jene Basisdaten zur Verfügung hält, die für die Sicherung der Grundstücksgrenzen, die Dokumentation der Verhältnisse an Grund und Boden, sowie für die Einrichtung von und die Verknüpfung mit anderen bodenbezogenen Datenbeständen erforderlich sind.

Die DKM wurde von 1987 bis 2003 durch die Vermessungsämter, teilweise in Kooperationen mit Gebietskörperschaften und Vermessungsbefugten, angelegt. Die Digitalisierung selbst erfolgte durch eine Kombination aus verschiedenen Methoden (Scannen und anschließendem Vektorisieren, Online-Digitalisieren am Digitalisier-Tablett oder durch eine Neukonstruktion.

Die Anlegung der DKM hatte folgende technisch-logische **Ziele**:

- Qualitätsverbesserung durch korrekte und homogene Lagedarstellung der Grundstücke,
- Aktualisierung der Bodennutzung,
- Konsistenz mit den anderen Datenbanken der GDB (Grundstücksverzeichnis und Koordinatendatenbank).

Zur **Verbesserung der Lagegenauigkeit** wurden folgende Maßnahmen getroffen:

- Einarbeitung von Lage- und Teilungsplänen im System der Landesvermessung,
- Einarbeitung von in lokalen Koordinatensystemen gemessenen Plänen, die mittels gemessener Identpunkte in das System der Landesvermessung transformiert werden konnten,
- Auswertung von Luftbildern (digitale Orthophotos) für die Ermittlung von Passpunkten und Passlinien zur Verbesserung der Georeferenzierung,
- Verbesserung der Lagequalität aufgrund von externen Naturstandsaufnahmen.

2 Qualitätsverbesserung

Die Qualitätsverbesserung ist Bestandteil der Führung des Katasters und damit Aufgabe der Vermessungsbehörden. Nicht nur die Aufrechterhaltung, sondern die Steigerung der Qualität des Katasters ist ein vorrangiges Ziel. Die Einbindung der Planverfasser und auch der Grundeigentümer ist dabei ein wichtiges Anliegen der Vermessungsbehörden.

Qualitätsziele

„Der Kataster muss grundsätzlich geeignet sein, mit Hilfe seines Informationsgehalts, der Verlässlichkeit der Aussagen, einschließlich der Informationen hierüber (Metadaten) und den Zugangsmöglichkeiten zu den Informationen die Anforderungen an den Kataster aus Sicht des Staates, der Gesellschaft, der Wirtschaft und des Einzelnen abzudecken. Der Informationsgehalt hat inhaltlich vollständig, flächendeckend und aktuell zu sein. Eine möglichst weitgehende Auswertbarkeit ist anzustreben. Die Verlässlichkeit ist durch die Führungsmechanismen zu gewährleisten."

Die Vermessungsbehörden haben daher schon früh besonderen Wert auf die Qualitätsverbesserung der Katasterdaten gelegt.

Qualitätsziele für die Lage:

- Die Grundstücksgrenzen aus Planurkunden sind in der DKM lagerichtig im Landessystem entsprechend der Genauigkeit des Planes abgebildet.
- Pläne in einem lokalen System sind in sich stimmig und bestmöglich eingepasst (zB mit Hilfe des Orthophotos, mittels Anbindemessung und Transformation ins Landessystem).
- Grundstücksgrenzen aus der ursprünglichen Katasteranlegung (Urmappe) sollen möglichst keine offensichtlichen Differenzen zum unveränderten Naturstand (Orthophoto) aufweisen.

Schwerpunkt zur Verbesserung der Lagegenauigkeit (Georeferenzierung) sind:

- die Beseitigung großräumiger Verschiebungen,
- die lagerichtige Darstellung der letztgültigen Planurkunden,
- die Behebung punktueller Fehler aus der Umbildung des Maßstabes (vom Anlegungsmaßstab 1:2880 zum Maßstab 1:1000, 1:2000 bzw 1:5000),
- die aktuelle und lagerichtige Darstellung der Benützungsarten bzw Nutzungen aus dem aktuellen Orthophoto.

Qualitätsziele für die Aktualität:

- die Grundstücksgrenzen entsprechen dem Grundbuchsstand,
- die Benützungsarten und Nutzungen sind vom aktuellen Orthophoto aus dem jeweiligen Befliegungszyklus abgeleitet.

Beispiele für eine Verbesserung in der Georeferenzierung in der DKM unter Verwendung des aktuellen Orthophotos:

Abb 6.6 und 6.7: lokale Verbesserung der Georeferenzierung

C Koordinatenverzeichnisse

1 Technische Unterlagen zur Lagebestimmung der Festpunkte

Die Festpunkte dienen als Grundlage für die Vermessung, besonders für die Bestimmung der Koordinaten der Grenzpunkte.

Die technischen Unterlagen zur Lagebestimmung der Festpunkte werden in einem **Punktverwaltungssystem** (PVS) geführt, das alle festpunktbezogenen Daten einschließlich der digitalen Punktkarten der Triangulierungs- und Einschaltpunkte beinhaltet.

Aus diesem System werden die Koordinatendatenbank der Festpunkte und das Webportal des BEV für die Abgabe befüllt.

```
AUSZUG AUS DER KOORDINATENDATENBANK (TP)               BEZUGSMERIDIAN : 34
ÖK-Blatt NR:  059
BEV V1 - GRUNDLAGENVERMESSUNG
****************************************************************************
 PKT--ÖK KZ  M       Y        X    JS OP-XY    H    N JH OP--H KG-NR HW O AL
****************************************************************************
 254  59 G2 34 +3 001.61 341 144.53 67 N 326   0.00 0 00        01004 E  5  6
WIEN 1.,ST.STEPHAN,DOMOM                 GABELPUNKT NORDOST
 254  59 T1 34 +3 041.31 341 095.72 67 N 120 304.91 0 67 N 120 01004 E  5  6
WIEN 1.,ST.STEPHAN,DOMOM                 KNAUF MITTE
```

```
AUSZUG AUS DER KOORDINATENDATENBANK (EP)                  BEZUGSMERIDIAN: 34
KATASTRALGEMEINDE: 01004 Innere Stadt                     GRENZKATASTER: TNA
VERMESSUNGSAMT: Wien
****************************************************************************
PUNKT  KZ          Y           X         H    N   BESTIMMUNG  OEK    HW    AL
****************************************************************************
    1  G1      +2 615.21  342 007.78     ---       T 1967  VA   59    E     3
       GABELPUNKT
    2  G1      +2 650.24  341 966.77     ---       T 1967  VA   59    E     3
       GABELPUNKT
```

Abb 6.8 und 6.9: Auszüge aus der Koordinatendatenbank

Die **Punktkarten** enthalten Angaben über die Punktbezeichnung, die Koordinaten (bei TP zusätzlich auch die Höhe), die Art der Stabilisierung und die Lagebeschreibung samt Lageskizze. Als Orientierungshilfe sind die Festpunkte in **Punktübersichten** (Festpunktübersicht) dargestellt, ⇨ Festpunkte.

2 Technische Unterlagen zur Lagebestimmung der Grenzen der Grundstücke

Die technischen Unterlagen zur Lagebestimmung der Grundstücksgrenzen bestehen aus den **Koordinaten der Grenzpunkte** in Verbindung mit der zeichnerischen Darstellung in der Katastralmappe und den Plänen.

```
AUSZUG AUS DER KOORDINATENDATENBANK (GP) *** via DKM *** BEZUGSMERIDIAN:  34
KATASTRALGEMEINDE: 01004 Innere Stadt                    GRENZKATASTER:  TNA
VERMESSUNGSAMT: Wien
************************************************************ 2009-07-01
 EINGABE: Y (  +2 900/  +3 000) X (341 100/341 200)
*****************************************************************************
   PUNKT                Y                    X                 IND  VHW/GZ A/GZ P
    2752          +2 998.26           341 186.35                       40000/67
    2847          +2 999.32           341 137.46                       40000/67
    5634          +2 946.05           341 112.49                G         1/92
    5635          +2 929.50           341 123.36                G         1/92
    5636          +2 920.23           341 110.22                G         1/92
    5637          +2 915.20           341 113.77                G         1/92
    5638          +2 908.95           341 105.75                G         1/92
    5640          +2 945.78           341 112.12                G         1/92
    7020          +2 958.38           341 177.34                          2/05
```

Abb 6.10: Koordinaten der Grenzpunkte

D Geschäftsregister

Im Geschäftsregister wird jeder Geschäftsfall mit einer österreichweit eindeutigen Geschäftsfallnummer versehen. Hier sind alle für eine vollständige Dokumentation notwendigen Unterlagen wie Pläne, Handrisse, Bescheide und gegebenenfalls die Trennstücktabelle gespeichert. Zu jedem Geschäftsfall werden alle katasterrelevanten Urkunden (insbesondere Pläne und Bescheide) gespeichert.

Das **Geschäftsregister** enthält Plandokumente über

- die Veränderung von Grundstücksgrenzen (Erwerb und Abtretung von Grundstücksteilen),
- die Vereinigung von Grundstücken,
- die Ermittlung von Grundstücksgrenzen (Grenzvermessungen als Grundlage zur Einverleibung in den Grenzkataster),
- die Zusammenlegung und Neuaufteilung landwirtschaftlich genutzter Grundflächen (agrarische Operationen),
- die Baulandumlegungen,
- die Berichtigung von fehlerhaften Darstellungen der Grundstücksgrenzen in der Katastralmappe,
- die Neuvermessung ganzer Katastralgemeinden.

Dem Geschäftsregister als Langzeitarchiv kommt auf Grund der Möglichkeit der raschen elektronischen Abfrage – besonders auch im Hinblick auf die Verfahrensbeschleunigung – eine wichtige Bedeutung zu. Auf dieses Register greift in Zukunft auch das Grundbuch im Wege der automationsunterstützten Datenverarbeitung zu.

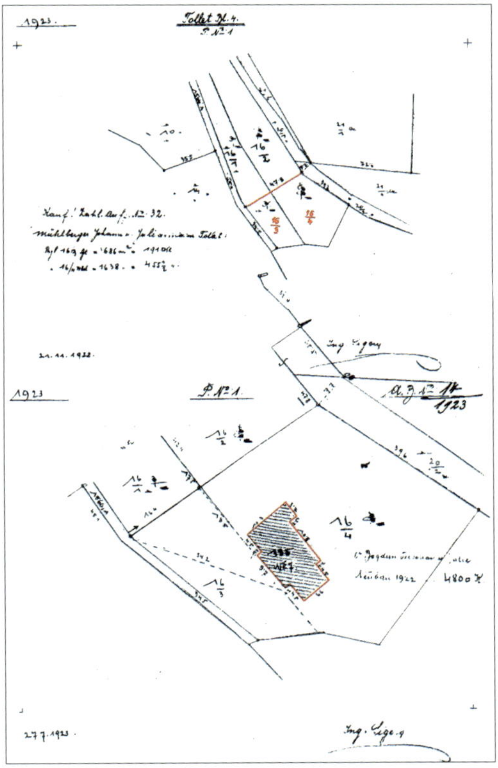

Abb 6.11: Handriss aus 1933 über eine Grundstücksteilung und eine Objektänderung

Die digitalen und analogen Archive (Geschäftsregister, Urkundensammlung) des Katasters und des Grundbuches garantieren eine lückenlose Dokumentation aller im Rahmen von Eigentumsänderungen erstellten rechtlichen und technischen Urkunden (Verträge, Pläne).

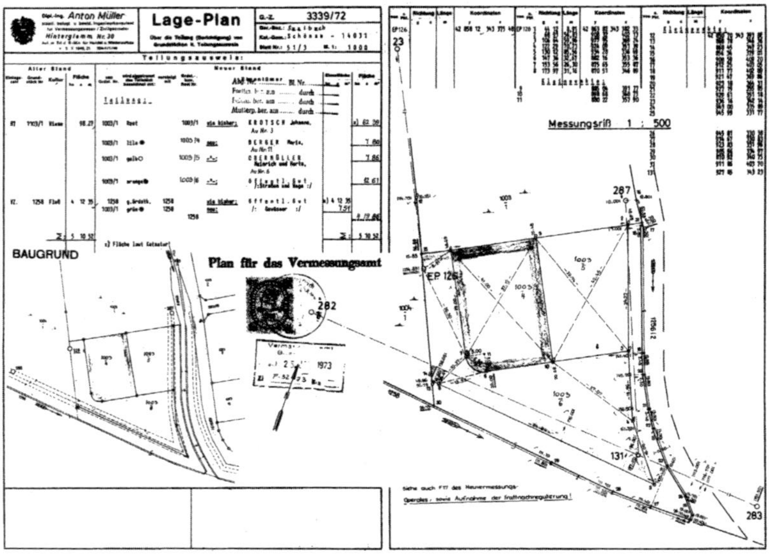

Abb 6.12: Teilungsplan aus 1972

Die im Geschäftsregister gesammelten technischen Dokumente sind unverzichtbare Grundlage für Grenzermittlungen, Gutachten in Katasterangelegenheiten und die Rekonstruktion der Veränderungen von Grundstücken.

E Adressregister

Das Adressregister enthält die geocodierten (raumbezogenen) Adressen von Grundstücken und Gebäuden, die von der örtlich zuständigen Gemeinde vergeben wurden. Es bildet die Referenz der Adressen bezüglich Adressierbarkeit, Schreibweise, Orientierungsnummernvergabe und räumlicher Zuordnung und vereinheitlicht so die Adressbestände von Behörden, Ämtern und Unternehmen.

Die **Geocodierung** der Adressen hat für die öffentliche Verwaltung, für das Rettungswesen und das Krisenmanagement, aber auch für private Anwender große Bedeutung.

Hinweis

Eine geocodierte Adresse enthält folgende Angaben:

1. die Bezeichnung der Gemeinde,
2. die Bezeichnung der Ortschaft,
3. die Bezeichnung der angrenzenden Straße (wenn vorhanden),

4. die Orientierungsnummer (Hausnummer, Konskriptionsnummer ua),
5. die Katastralgemeinde und die Grundstücksnummer(n), auf die sich die Adresse bezieht,
6. die repräsentative Koordinate im System der Landvermessung als räumliche Referenz der Adresse,
7. die Postleitzahl und etwaige sonstige Bezeichnungen zum leichteren Auffinden der Adresse wie Vulgo- und Hofnamen,
8. die Eignung für Wohnzwecke,
9. von der Gemeinde allenfalls gemachte sonstige Angaben,
10. den vom Adressregister vergebenen Adresscode.

Die Daten des Adressregisters werden von den Gemeinden erstellt und geführt, der Bund sorgt für die zentrale Verfügbarmachung und Abgabe der Daten für die Verwaltung und die Wirtschaft.

Auf dem Adressregister bauen das Zentrale Melderegister (ZMR) und das Gebäude- und Wohnungsregister (GWR) auf. Die Eingabe der Daten erfolgt durch die Gemeinden, die Führung des Registers durch die Vermessungsämter.

F Regionalinformation

Die Regionalinformation enthält für jede Katastralgemeinde, Ortsgemeinde, Gerichtsbezirk, Bundesland und für Österreich administrative, rechtliche, technische und statistische Angaben.

```
GRUNDSTÜCKSDATENBANK REGIONALINFORMATION
BUNDESGEBIET ÖSTERREICH
*************************************************************** 2011-05-17
ANZAHL
-VERMESSUNGSÄMTER                           :           41
-BEZIRKSGERICHTE                            :          140
-POLIT. GEMEINDEN                           :        2 357
-KATASTRALGEMEINDEN                         :        7 847
 teilweise Neuanlegung                      :        7 804
 allgemeine Neuanlegung                     :           43
 digitale Katastralmappe                    :        7 847
-GRUNDBUCHSEINLAGEN      (2011-01-01) :    3 145 997
-GRUNDSTÜCKE             (2011-01-01) :   10 292 320
 davon im Grenzkataster                     :    1 437 869
-TRIANGULIERUNGSPUNKTE (2011-01-01) :       60 967
-EINSCHALTPUNKTE         (2011-04-29) :      205 603 (terr:195 064,phot: 10 539)
-GRENZPUNKTE             (2011-04-29) :   32 641 344 (inkl. sonstiger Punkte)
 mit Indikator E                            :   21 037 473 (davon Staatsgr.:   62 645)
 mit Indikator G                            :    9 920 913 (davon Polygonp.:    4 663)
```

Abb 2.13: Regionalinformation Österreich

VII Katasterverfahren

A Verfahrensbestimmungen

Entsprechend dem Grundsatz, für alle Behörden einheitliche Verfahrensbestimmungen vorzusehen, ist auch für den Bereich des Vermessungswesens das Allgemeine Verwaltungsverfahrensgesetz (**AVG**) anzuwenden. Nur dann, wenn das Ergebnis des Verfahrens eine reine Beurkundung oder eine bloße Erhebung tatsächlicher Verhältnisse ist, ist eine Ausnahme vorgesehen. In solchen Fällen wird kein Bescheid erlassen, wenn dem Begehren des Antragstellers vollinhaltlich stattgegeben wird.

Betreten von Grundstücken

Die Vermessungsbehörden, Vermessungsbefugten und deren Mitarbeiter sind befugt, zur Durchführung ihrer vermessungstechnischen Arbeiten jedes Grundstück mit Ausnahme der darauf errichteten Gebäude zu betreten und, soweit es die Bewirtschaftungsverhältnisse erlauben, zu befahren.

Diese Befugnisse sind ein **Legalservitut**; die Vermessungsarbeiten stellen daher keine Besitzstörung dar.

B Grenzvermessungen

Grenzvermessungen gehören zu den verantwortungsvollsten Aufgaben des Vermessungsingenieurs im Kataster. Das VermessungsG hat mit der Einführung des Grenzkatasters eine zusätzliche Aufwertung des vermessungstechnischen Berufsstandes mit sich gebracht, gleichzeitig aber – zusätzlich zu den unverändert hohen technischen Anforderungen – strengere formale Kriterien an die Durchführung der Grenzvermessung und der Grenzverhandlung gestellt.

Grenzvermessungen umfassen

- die Grenzverhandlung,
- die Vermessung der festgelegten Grenzen und
- die Erstellung eines Planes.

1 Grenzverhandlung

Abb 7.1: Grenzverhandlung

a Vorbereitung der Grenzverhandlung

Betroffene Grundstücke und deren Eigentümer müssen recherchiert, der Anschluss an das Festpunktfeld geplant und Vorauspläne erhoben sowie teilweise aufwändig rekonstruiert werden.

Mit diesen Daten und der entsprechenden Messausrüstung im Gepäck geht es zur ersten Aufnahme. Grenzzeichen, grenzrelevanter Naturbestand, Gebäude zur Einpassung alter Vorauspläne und eventuell der Geländeverlauf werden vermessen.

b Ladung

Um Grundstücksgrenzen festzulegen, sind an Ort und Stelle Grenzverhandlungen durchzuführen, zu denen alle beteiligten Eigentümer zu laden sind (§ 24 VermG). Zweck der Ladung ist es, alle betroffenen Parteien von der Grenzverhandlung zu benachrichtigen und ihnen damit die Möglichkeit zu geben, ihre Interessen zu wahren.

Hinweis:

In verfahrensrechtlicher Hinsicht besteht im Zusammenhang mit der Ladung der beteiligten Eigentümer ein Unterschied zwischen der Vermessungsbehörde und dem Ingenieurkon-

sulenten für Vermessungswesen. Beide können zwar beteiligte Eigentümer einladen, an der Grenzverhandlung teilzunehmen, aber nur bei Verfahren der Vermessungsbehörde treten die – umgangssprachlich als „**Ladungsrecht**" bezeichneten – Säumnisfolgen des § 25 Abs 1 des VermG ein. Wird mit Bescheid geladen und wird bereits im Bescheid auf die Säumnisfolgen hingewiesen, so hat der Grundeigentümer, der der Ladung nicht Folge leistet, die ihm entstehenden Rechtsnachteile zu tragen: Der Grenzverlauf wird nach Angabe der übrigen beteiligten Eigentümer festgelegt und gekennzeichnet.
Nur in diesem Punkt unterscheidet sich eine von einem Ingenieurkonsulenten ausgesandte Einladung zur Teilnahme an einer Grenzverhandlung von der Ladung durch die Vermessungsbehörde. Dem fehlenden „Ladungsrecht" des Ingenieurkonsulenten steht das „Ersatzverfahren" nach § 18a VermG gegenüber.

Hinweis:
Verschärfung der Präklusionsregelungen durch die AVG Novelle 1998

Gemäß § 42 AVG verliert jemand seine **Parteistellung**, wenn er bei einer mündlichen Verhandlung entweder bei der Verhandlung oder spätestens bis einen Tag vor der Verhandlung keine Einwendungen erhebt. Da diese Präklusionsregelung auch für Grenzverhandlungen gilt, die von der Vermessungsbehörde durchgeführt werden, ist folgendes zu beachten:
Bei Grenzvermessungen der Vermessungsbehörde verlieren jene Eigentümer ihre Parteistellung, die zur Grenzverhandlung trotz Rsb-Ladung nicht erscheinen bzw keine Einwendungen bis zum Tag vor der Verhandlung oder spätestens bei der Verhandlung erheben.
Einwendungen sind (sofern sie nicht bei der mündlichen Verhandlung erhoben werden) gemäß § 13 Abs 2 AVG schriftlich einzubringen, da sie an eine Frist gebunden sind.
Ist eine Partei durch ein unvorhergesehenes und unabwendbares Ereignis an der Teilnahme bei der mündlichen Verhandlung verhindert, kann sie gemäß § 42 Abs 3 binnen 2 Wochen nach Wegfall des Hindernisses bis zur rechtskräftigen Entscheidung der Sache (Ablauf der Berufungsfrist) Einwendungen erheben.

Zu laden sind auch die Eigentümer der an das jeweilige Grundstück – wenn auch nur in einem Punkt – angrenzenden Grundstücke. Eigentümer von Grenzkatastergrundstücken sind zu informieren und im Bedarfsfall (zB neue abgehende Grenze) zu laden.

Ist eine Grenze zugleich Ortsgemeindegrenze bzw Landesgrenze, ist es zweckmäßig, die Bürgermeister bzw Landeshauptleute einzuladen, um sie über die durch die Eigentümer festgelegte Grenze (zugleich Verwaltungsgrenze) in Kenntnis zu setzen.

Für bereits im **Grenzkataster** enthaltene Grundstücke entfallen sowohl die Grenzverhandlung als auch die Vermessung; an ihre Stelle treten die Angaben des Grenzkatasters. Da die Grenzverhandlung der Festlegung der Grundstücksgrenzen dient, sind die Grenzen von bereits im Grenzkataster enthaltenen Grundstücken nicht Inhalt der Festlegung.

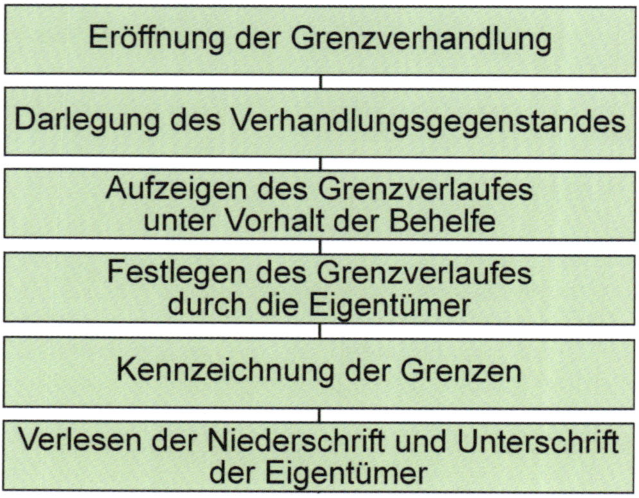

Abb 7.2: Ablauf einer Grenzverhandlung

c Vorhalt der Behelfe

Wenn keine technischen Unterlagen neuesten Standes vorhanden sind, wird es notwendig sein, in einer **Voraufnahme** die gesamte Umgebung einschließlich der allenfalls bereits von den Parteien behaupteten Grenzen sowie topographische Merkmale einzumessen. Die Auswertung der Voraufnahme wird in die Unterlagen des Katasters bestmöglich eingepasst und so der mögliche Grenzverlauf ermittelt.

Abb 7.3: Vorhalt der Behelfe

Die Rücksteckung in die Natur schließlich stellt den nach dem VermG vorgesehenen Vorhalt der Behelfe als Grundlage für die Einigung der Grundeigentümer dar. Der sich aus den Behelfen ergebende Grenzverlauf ist den Parteien in der Natur (das Gesetz spricht von „an Ort und Stelle") zu zeigen. Der Leiter der Grenzverhandlung hat auf die Eignung der einzelnen Behelfe für die Festlegung der Grenzen hinzuweisen.

ca Bewertung der Behelfe

(i) Urmappe oder Originalmappe

Die Urmappe ist – als älteste Darstellung des Grundstücks bei unveränderten Eigentumsgrenzen – im offenen landwirtschaftlichen Gebiet eine wichtige Grundlage, die über eine ausreichende Anzahl von Identpunkten im Landessystem auch in der Natur abgebildet werden kann.

(ii) Nichtmetrische Katastralmappe

Die Reproduktionen der Katastralmappe sowie die Vielzahl von lokalen Einpassungen von Plänen haben im Vergleich zur Urmappe die Homogenität eher verschlechtert. Die (jeweils historische) Aktualität wird durch die konsequente Einarbeitung von Plänen zur grundbücherlichen Teilung von Grundstücken und durch den Vermerk des Standes am Mappenblattrand dokumentiert.

Um die „katastrale Entwicklung“ eines Grundstückes verfolgen und beurteilen zu können, ist die Erhebung aller Katastralmappen im alten Katastersystem erforderlich. Neben den historischen Grundstücksverzeichnissen (bzw der Datenbank der **Veränderungshinweise**) sind die verschiedenen Stände der nichtmetrischen Katastralmappe wichtig für die Eruierung von Vorausplänen.

Abb: 7.4: Suche nach der Grenze

(iii) Metrische Katastralmappe

Wurden alle Unterlagen (Luftbildauswertung, Koordinatendatenbank, Pläne) bei der Umbildung der Katastralmappe verwendet, ergibt diese Unterlage eine homogene Darstellung der Grundstücke im Landessystem. In vielen Fällen ist aus technischen, organisatorischen und Zeitgründen die Darstellung der Grundstücke nicht verbessert worden, in einigen Fällen sogar verschlechtert. In den durch **Teilungspläne** abgedeckten Bereichen ist die Katastralmappe eine stimmige Abbildung des relevanten Planinhaltes.

In numerisch fixierten Bereichen bzw in Katastralgemeinden mit Neuvermessungsoperaten bzw Operaten der Allgemeinen Neuanlegung des Grenzkatasters ist die metrische Katastralmappe für Grenzverhandlungen grundsätzlich bindend.

(iv) Digitale Katastralmappe

Die Digitale Katastralmappe ist ein konsistenter homogener Datenbestand im Landessystem. Durch die konsequente Verwendung von Einpasslinien und einem hohen Prozentsatz von ins Landessystem transformierter Pläne des technischen Operates ist eine hohe Lagegenauigkeit hinsichtlich der Grundstücksgrenzen gewährleistet. Die Informationen über Benützungs- und Nutzungsarten werden durch photogrammetrische und terrestrische Methoden laufend aktualisiert. Trotz der ständigen Verbesserungen in der DKM gelten auch hier die Wertungen wie bei der metrischen Katastralmappe.

Die Digitale Katastralmappe stellt im Regelfall eine gute Unterlage für die Grenzverhandlung dar. In numerisch fixierten Bereichen bzw in Katastralgemeinden mit Neuvermessungsoperaten bzw Operaten der Allgemeinen Neuanlegung des Grenzkatasters ist die Digitale Katastralmappe für Grenzverhandlungen bindend.

(v) Pläne zur grundbücherlichen Teilung

Pläne aus dem Zeitraum vor 1932

Diese Pläne sind aufgrund des Evidenzhaltungsgesetzes entstanden, das eine Planausführung im Maßstab der Katastralmappe oder/und in einem größeren Maßstab vorgesehen hat. In diesen Plänen sind Identpunkte für die Einpassung in die Katastralmappe dargestellt. Die Teilungslinien bzw die Einbindepunkte in die bestehenden Grenzlinien sowie diese Grenzlinien selbst sind mit numerischen Angaben versehen (Sperrmaße, Orthogonalmaße). Die Kennzeichnung der Grenzpunkte ist nicht immer aus den Plänen herauslesbar, doch ist davon auszugehen, dass die Grenzpunkte in der Natur gemäß § 845 ABGB gekennzeichnet worden sind.

Der Stand vor der Teilung bzw Grenzänderung wurde idR nicht mit den Anrainern verhandelt.

Pläne aus dem Zeitraum 1932 bis 1969

Diese Pläne sind unter Beachtung der technischen Vorschriften der **Grundteilungsverordnung** entstanden. Der Planverfasser hatte folgende Prinzipien bei der Planerstellung einzuhalten:

- Polygonisierung und Detailpunktaufnahme bestehender Grenzpunkte und Identpunkte (Passpunkte für die graphische Einpassung in die Katastralmappe),
- Dokumentation der Messwerte bzw koordinative Angaben im Plan und detaillierte Darstellung des Naturstandes,
- Angaben über die Kennzeichnung von Grenzpunkten.

Diese Pläne sind meist gut im Landessystem und in der Natur abbildbar. Aufgrund ihrer Aussagekraft bilden sie eine gute Unterlage für Grenzverhandlungen. Allerdings sind Grenzverhandlungen nur teilweise dokumentiert. Bei dokumentierten Grenzverhandlungen ergibt sich eine erhöhte Beweiskraft für die einvernehmlich festgelegten Grundstücksgrenzen.

Pläne aus dem Zeitraum nach 1969

Diese Pläne sind aufgrund des VermG und der **VermV** entstanden. Zusätzlich zu den technischen Aspekten ist in ihnen die rechtliche Relevanz zum geltenden VermG gegeben (bereits verhandelte Grenzen, Grenzkataster).

Diese Pläne sind für Grenzverhandlungen in hohem Maße relevant: Der verhandelte Teil ist verbindlich. Im Bereich von Grenzkatastergrundstücken ist eine Grenzverhandlung obsolet (allenfalls ist eine Grenzwiederherstellung im Zuge der Grenzverhandlung erforderlich).

Pläne – bescheinigt, aber nicht verbüchert

Abgelaufene Pläne sind technisch und hinsichtlich des katastralen Altstandes gleichwertig zu verbücherten Plänen. Die Pläne, die zur Verbesserung der Darstellung der Grenzen und für die Aktualisierung der Benützungsarten und Nutzungsarten verwendet werden können, werden mit dem Vermerk „Plan abgelaufen – Teilung ungültig" in das technische Operat aufgenommen.

Die Pläne sind für Grenzverhandlungen relevant.

(vi) Pläne und Unterlagen zur Aktualisierung der Benützungsart

Seit der katastralen Erstaufnahme sind in vielen Fällen Abgrenzungen der Kulturgattungen sowie Benützungs- bzw Nutzungsarten durch Rechtsgeschäfte zu Eigentumsgrenzen geworden. Dementsprechend sind diese Unterlagen zu werten.

Bauflächenerhebung bis 1969: Ab 1883 (EvidenzhaltungsG) existieren Handrisse für die Ausscheidung der Nutzungsart Baufläche (Gebäude). Der technische Inhalt dieser Handrisse dient vor allem zur Darstellung der Nutzungsart Baufläche (Gebäude) in der Katastralmappe und zur flächenmäßigen Ausweisung im Grundstücksverzeichnis. Die zahlreichen historischen Naturstandsinformationen geben wichtige Anhaltspunkte auch für den Verlauf von in der Nähe liegenden Grundstücksgrenzen. Diese Unterlagen (Handrisse) sind eine wichtige Information bei Grenzverhandlungen.

Feldvergleichsoperate sind terrestrisch erhobene bzw mittels Luftbildauswertung fixierte Abgrenzungen zwischen der Benützungsart „landwirtschaftlich genutzt" und anderen Benützungsarten. Diese Naturstandsinformation ist entweder lokal über Identpunkte in die Katastralmappe eingepasst worden bzw im Landessystem in die metrische Katastralmappe eingearbeitet worden. Sie können in Einzelfällen eine Information für die Grenzverhandlungen darstellen.

Projekt Bauflächen und Bauwerksauswertung ab 1969: Die Erhebung der Nutzungsart Baufläche (Gebäude) ist mit erhöhter Genauigkeit durchgeführt worden. Daher führen sie oft zu grundstücks- und grenzrelevanten Informationen. Sie haben vor allem dann hohe Relevanz für die Grenzverhandlung, wenn Identpunkte, die die Transformation des Plans ins Landessystem ermöglichen, erfasst wurden.

d Grenzfestlegung

In der Grenzverhandlung ist von den erschienenen beteiligten Eigentümern nach Vorhalt der vorhandenen Behelfe (Grundsteuerkataster, Pläne, Gerichtsurteile, Vergleiche und andere Unterlagen) der Verlauf der Grenze festzulegen und zu kennzeichnen.

Abb 7.5: Grenzfestlegung

Ergeben sich zwischen dem von den beteiligten Eigentümern einvernehmlich festgelegten und dem aus den Behelfen ersichtlichen Grenzverlauf erhebliche **Abweichungen**, so werden diese in der Niederschrift festgehalten. Können die Eigentümer den Grenzverlauf nicht angeben, weil er zwar nicht streitig, aber in der Natur nicht ersichtlich ist, so wird der sich auf Grund der Behelfe ergebende Grenzverlauf gekennzeichnet.

da Grenzstreit

Einigen sich die Eigentümer nicht über den Grenzverlauf und ist kein gerichtliches Verfahren anhängig, so ist der Eigentümer, der behauptet, dass die Grenze nicht mit dem sich auf Grund der Behelfe ergebenden Grenzverlauf übereinstimmt, aufzufordern, binnen sechs Wochen ein für die Bereinigung des Grenzstreites bestimmtes **gerichtliches Verfahren** anhängig zu machen. Den Vermessungsbefugten steht die Möglichkeit des Gerichtsverweises mit Säumnisfolgen nicht zur Verfügung.

Zu den Grenzstreitigkeiten gehört sowohl der Streit über den Verlauf der richtigen Grenze, wenn sie unkenntlich geworden oder streitig ist (eigentlicher Grenzstreit), als auch der Fall, dass der Eigentümer einen Teil des benachbarten Grundstückes auf Grund eines besonderen Titels (zB Ersitzung) in Anspruch nimmt (uneigentlicher Grenzstreit).

Gerichtsverfahren

Eine Bereinigung von Grenzstreitigkeiten kann im „außerstreitigen" Grenzberichtigungsverfahren nach den §§ 850 ff ABGB oder durch eine Eigentumsklage erfolgen.

Für die Feststellung des Eigentümers, an den die Aufforderung zu richten ist, wurden mehrere Kriterien festgelegt:

- Gegebenheiten in der Natur, die zur vollkommenen Herstellung des Grenzverlaufs nicht ausreichen, die jedoch auf einen bestimmten Grenzverlauf hindeuten,
- das Alter der Behelfe oder der maßgebenden Eintragungen (bei Widersprüchen in den Behelfen),
- der letzte Besitzstand, der glaubhaft gemacht wird.

db Ersitzung

Die Ersitzung schafft zwar originär (also ohne Verbücherung) Eigentum, ändert aber nicht die Grundstücksgrenze. Die Besitz- und Eigentumsverhältnisse an Teilflächen eines Grundstücks können sich zwar geändert haben, die Änderung von Grundstücksgrenzen bedarf aber – abgesehen vom gerichtlichen Grenzberichtigungsverfahren – immer einer planlichen Erfassung und der Verbücherung. Erst die Eintragung im Grundbuch bewirkt einen gesicherten Eigentumserwerb. Ohne Verbücherung würde ein gutgläubiger Dritter, der im Vertrauen auf den Grundbuchsstand Eigentum erwirbt, dem außerbücherlichen Eigentümer, der sich auf die Ersitzung beruft, vorgehen.

e Niederschrift

Die Niederschrift über die Grenzverhandlung hat zu enthalten:

- Ort, Zeit, Gegenstand der Verhandlung
- Benennung der Behörde, Name des Leiters der Verhandlung, Organe, Zeugen, Sachverständige
- Unterschrift des leitenden Organs
- Unterschrift der Parteien bzw Vertreter
- Beschreibung des Grenzverlaufs in Form einer Grenzverhandlungsskizze
- Grenzen der Grundstücke und Grundstücksnummern
- Abgrenzung der Benützungsabschnitte
- Nummern der Grenzpunkte
- Maße zur Sicherung der erfolgten Kennzeichnung
- Hinweise auf die vorgehaltenen Behelfe

Der Niederschrift sind alle Schriften und Entscheidungen anzuschließen, die im Verfahren zur Festlegung der Grenzen ergangen sind.

2 Kennzeichnung der Grenze

Die von den Eigentümern festgelegte Grenze ist auf „deutliche und unwandelbare Art" – wie sich das ABGB ausdrückt – zu kennzeichnen. Kommen die Eigentümer der Kennzeichnungspflicht nicht nach, so ist die Kennzeichnung von Amts wegen gegen Kostenersatz vorzunehmen. Die Kennzeichnung der Grenzpunkte soll in erster Linie die Vermessung und die Erstellung des Planes erleichtern, indem die Lage der Grenzpunkte im Gelände bezeichnet wird.

Die dauerhafte Kennzeichnung der Grenzpunkte ist für die einfache und zuverlässige Erkennung des Grenzverlaufes an Ort und Stelle erforderlich. Sie gibt dem Eigentümer des Grundstücks und dem Nutzungsberechtigten zuverlässig an, wie weit sich sein Recht an Grund und Boden erstreckt. Notwendig oder zumindest vorteilhaft ist diese Orientierung auch zB für einen Bauführer bei der Ausführung seines Bauauftrages.

Sichtbare **Grenzzeichen** tragen wesentlich zur störungsfreien Besitzausübung und damit zur Sicherung des Grenzfriedens bei. Die Kennzeichnung der Grenzen liegt sowohl im Interesse der Eigentümer als auch im öffentlichen Interesse.

Abb 7.6: Grenzstein

3 Vermessung der festgelegten Grenze

Die festgelegten Grenzen und bei streitigen Grenzen die ersichtlich gemachten Grenzen sind nach den Bestimmungen des § 36 VermG und der VermV zu vermessen. Die Abgrenzungen der Benützungs- bzw Nutzungsarten sind so zu vermessen, dass sie in der Katastralmappe lagerichtig darstellbar sind.

Wurde mangels Einigung der beteiligten Eigentümer der Verlauf der Grundstücksgrenzen nicht festgelegt, so ist der in der Natur vorgefundene oder in Ermangelung eines solchen der sich auf Grund der Behelfe ergebende Grenzverlauf für die nachfolgende Vermessung ersichtlich zu machen und in der Niederschrift anzuführen.

Bei Vorliegen einer gerichtlichen Entscheidung ist diese für die Festlegung der Grenze maßgebend.

Hinweis
Die neuen Grundstücke entstehen nicht schon im Zuge der Grenzvermessung, also der örtlichen Festlegung der neuen Grenzen, sondern erst durch die Durchführung des Teilungsplans im ⇨ Grundbuch.

C Grenzvermessung zum Zwecke der Umwandlung

Auf Antrag des Grundeigentümers hat das Vermessungsamt eine Grenzvermessung zum Zwecke der Umwandlung vom Grundsteuer- in den Grenzkataster durchzuführen, soweit die Erfüllung der übrigen gesetzlichen Aufgaben dadurch nicht beeinträchtigt wird.

Diese Grenzvermessung hat zu umfassen:

- die Grenzverhandlung,
- die Vermessung der festgelegten Grenzen und
- die Erstellung eines Planes.

Über den Antrag ist eine Niederschrift anzufertigen, in die alle weiteren Angaben im Zuge der Bearbeitung aufzunehmen sind.

D Erhebung der Benützungsart

Die Benützungsarten, die im Anhang des VermG aufgezählt sind, bezeichnen die Art der Bodennutzung. Die **Benützungsabschnitte** (alle zu einem Grundstück gehörigen Flächen gleicher Benützungsart) können gemäß der VermV durch weitere Unterteilung in Nutzungen näher unterschieden werden.

Die Erhebung der Benützungsart erfolgt:

- von Amts wegen hinsichtlich eines ganzen Riedes oder einer Katastralgemeinde,
- anlässlich jeder Grenzvermessung,
- auf Antrag des Grundeigentümers,
- auf Grund von Mitteilungen in Plänen.

Die Erhebung erfolgt fast ausschließlich mit digitalen Orthophotos und nur sehr vereinzelt mit terrestrischen Methoden (für ergänzende Erhebungen zu photogrammetrischen Auswertungen).

Die Benützungsarten werden nur dargestellt, wenn die Grundflächen folgende **Mindestflächen** überschreiten:

- Gebäude ab einer Größe von 20 m²,
- streifenförmige Landschaftselemente ab einer Breite von 4 m,
- Alpen, Fels, Geröll, vegetationsarme Flächen und Gletscher, wenn die zusammenhängende Fläche gleicher Nutzung größer als 2000 m² ist,
- Wald ab einer Mindestgröße von 1000 m²,

- andere Benützungsarten oder Nutzungen, wenn eine zusammenhängende Fläche gleicher Benützungsart oder gleicher Nutzung größer als 200 m² ist.

1 Erhebung der Benützungsart auf Grund von Mitteilungen von Gerichten, Behörden, Ämtern oder Dienststellen der Gebietskörperschaften

Werden dem Vermessungsamt von Gerichten, Behörden, Ämtern oder Dienststellen der Gebietskörperschaften Wahrnehmungen oder ihnen zugekommene Meldungen über Änderungen von Benützungs- bzw Nutzungsarten mitgeteilt, werden vom Vermessungsamt Erhebungen durchgeführt. Die Erhebung entfällt, wenn von der Änderung ganze Grundstücke betroffen oder der Mitteilung zeichnerische Unterlagen beigegeben sind, aus denen die Abgrenzungen der Benützungs- bzw Nutzungsabschnitte eindeutig entnommen werden können.

Bei der Erhebung der folgenden Benützungsarten sind besondere rechtliche Normen zu berücksichtigen:

a Weingarten

Änderungen der Benützungsart „Weingarten" werden den Vermessungsämtern von den Finanzämtern oder den Weinbaubehörden bei der Bezirkshauptmannschaft gemeldet.

b Wald

Bei der Ersichtlichmachung der Benützungsart „Wald" im Kataster sind auch die Bestimmungen des **Forstgesetzes** zu beachten. Bestehen Zweifel, ob eine Grundfläche Wald ist, so sind für die Vermessungsbehörde Feststellungsbescheide oder Gutachten der Forstbehörde – welche hier die Funktion eines Amtssachverständigen hat – maßgebend. Bei Zweifelsfällen im Zusammenhang mit der Bodenschätzung ist darüber hinaus das Einvernehmen mit der Finanzbehörde herzustellen.

In folgenden Fällen sind Differenzen zwischen den Feststellungen der Vermessungsämter und der Forstbehörden unvermeidbar:

ba Neubewaldung

Grundflächen, die bisher nicht Wald waren, unterliegen im Falle ihrer Aufforstung erst nach Ablauf von 10 Jahren den Bestimmungen des Forstgesetzes. Bereits innerhalb dieser 10 Jahre ist anlässlich einer Erhebung der Benützungsart von der Vermessungsbehörde für das betreffende Grundstück im Kataster die Benützungsart „Wald" ersichtlich zu machen. Die rechtlichen Verhältnisse sind nach Rücksprache mit der Forstbehörde anzugeben („rechtlich Wald/rechtlich nicht Wald").

bb Rodung auf Grund einer befristeten Rodungsbewilligung

Während es sich hiebei in der Natur eindeutig nicht (mehr) um Wald handelt, werden diese Grundflächen von der Forstbehörde weiterhin als „Wald" angesehen. Im Kataster ist die der Natur entsprechende Benützungsart einzutragen. Im Grundstücksverzeichnis und in der Katastralmappe ist die Information „rechtlich Wald" einzutragen.

bc Forststraße

Als Wald im Sinne des ForstG gelten auch Forststraßen und andere Bringungsanlagen. Im Kataster wird die Nutzung „Weg" bzw „Straßenanlage" mit der Ergänzung „rechtlich Wald" oder „Forststraße" ersichtlich gemacht.

E Grenzermittlung

Auf Antrag der beteiligten Eigentümer kann das Vermessungsamt Grundstücke vermessen, wenn

- es sich um Grundstücke des Grundsteuerkatasters handelt und
- über den Grenzverlauf kein Streit besteht.

Der Vermessung hat eine Grenzverhandlung vorauszugehen. Eine **Grenzermittlung** kommt nur bei solchen Grenzen in Betracht, die nicht im Grenzkataster enthalten sind. Weitere Voraussetzung ist, dass durch die Vornahme einer solchen Vermessung die sonstigen Arbeitsaufgaben der Vermessungsämter nicht beeinträchtigt werden. Die Grenzermittlungen ist im Wesentlichen dazu bestimmt, einvernehmlich festgelegte Grenzlinien geodätisch zu sichern und dadurch allfällige spätere Streitigkeiten soweit als möglich auszuschließen.

Der Antrag ist von allen beteiligten Grundeigentümern zu stellen – was einen Streit faktisch ausschließt. Wenn sich im Zuge der Amtshandlung – etwa bei der Grenzverhandlung – herausstellt, dass Streit besteht, ist die Amtshandlung abzubrechen und der Antrag zurückzuweisen. Jedem der Grundeigentümer steht aber offen, einen Antrag auf Grenzvermessung zum Zwecke der Umwandlung seines Grundstückes zu stellen.

Anders als bei der Grenzvermessung zum Zwecke der Umwandlung, bei der immer ein ganzes Grundstück vermessen wird, kann sich bei der Grenzermittlung die Verhandlung auf einzelne Grenzabschnitte beziehen.

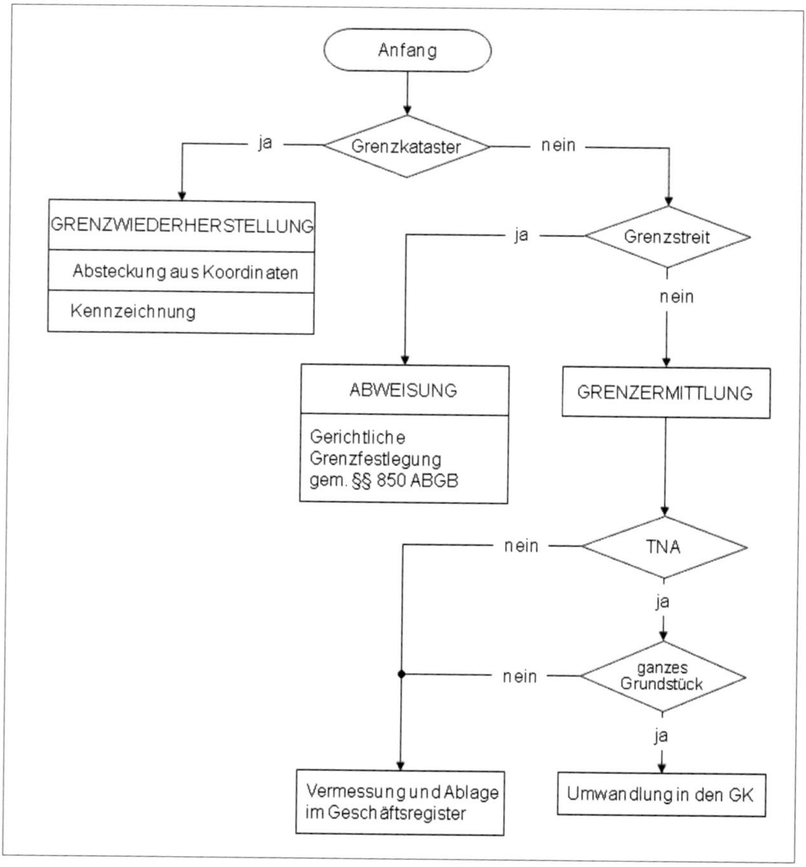

Abb 7.7: Grenzermittlung und Grenzwiederherstellung

F Grenzwiederherstellung

Streitige Grenzen von im Grenzkataster eingetragenen Grundstücken sind auf Grund der **Unterlagen des Grenzkatasters** vom Vermessungsamt wiederherzustellen. Das vorhandene Zahlenmaterial (die Unterlagen des Grenzkatasters) führt mit der in der VermV normierten Genauigkeit auf den Grenzpunkt, der seinerzeit von den Grenznachbarn anerkannt worden ist.

Die Grenzwiederherstellung tritt an die Stelle der gerichtlichen Grenzerneuerung und Grenzberichtigung gemäß §§ 850 ff ABGB. Inhaltlich stellt sie eine Rückübertragung der technischen Unterlagen des Grenzkatasters in die Natur dar. Die Naturgrenze ist nur insoweit maßgebend, als sie innerhalb der Fehlergrenze gelegen ist.

Der wiederhergestellte Grenzverlauf ist sogleich zu kennzeichnen, um einerseits den Eigentümern das Ergebnis der Amtshandlung aufzuzeigen und andererseits eine Überprüfung der Vermessung zu ermöglichen.

Eine streitige Grenze – unabhängig davon, ob in der Natur ein Grenzverlauf erkennbar ist oder nicht – liegt dann vor, wenn die Eigentümer aneinander grenzender Grundstücke über den Verlauf der Grundstücksgrenze voneinander abweichende Behauptungen aufstellen.

G Grundstücksvereinigung

Unter der Vereinigung von Grundstücken versteht man die Zusammenfassung zweier oder mehrerer benachbarter Grundstücke zu einem Grundstück. Die zuvor als selbständige Grundstücke geführten Bodenflächen gehen in dem neu gebildeten Gesamtgrundstück auf.

Zusammenhängende Grundstücke mit gleichen Eigentums- und Belastungsverhältnissen können auf Antrag des Grundeigentümers (oder mit dessen Zustimmung) in einem einfachen Verfahren vereinigt (zu einem Grundstück zusammengefasst) werden, wenn keine vermessungstechnischen Erwägungen dagegen sprechen.

Beispiel einer Grundstücksvereinigung: Vor der Grundstücksvereinigung werden im Kataster eine Baufläche begrünt (bisher auch oft als Garten bezeichnet) mit der Grundstücksnummer 50, ein Gebäude mit der Grundstücksnummer 100, ein Waldgrundstück mit der Grundstücksnummer 51 und ein landwirtschaftlich genutztes Grundstück mit der Grundstücksnummer 52 bezeichnet.

Auszug aus der Katastralmappe:

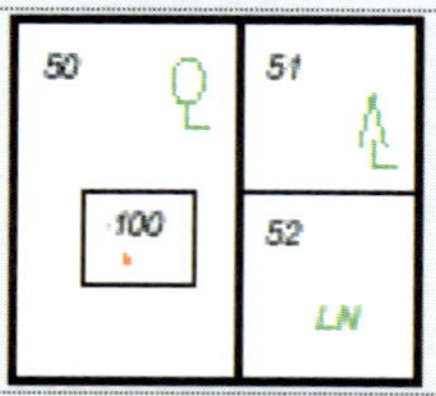

Auszug aus dem Grundstücksverzeichnis:

GstNr	BA (Nutzung)	Fläche
100	Baufl.Gebäude	150
50	Baufl.(begrünt)	350
51	Wald	200
52	Landw. genutzt	200

Nach der Vereinigung weist der Kataster ein Grundstück mit der Grundstücksnummer 52 mit Benützungsabschnitten aus.

Auszug aus der Katastralmappe:

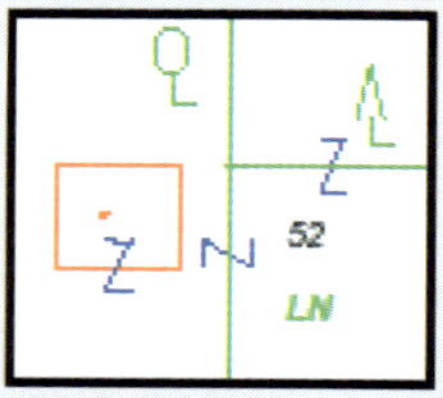

Auszug aus dem Grundstücksverzeichnis

GstNr	BA (Nutzung)	Fläche
52		900
	Baufl.Gebäude	T 150
	Baufl.(begrünt)	T 350
	Wald	T 200
	Landw. genutzt	T 200

Die Zusammengehörigkeit der Benützungsabschnitte wird durch die Zusammengehörigkeitsklammer „Z“ dargestellt. Im Grundstücksverzeichnis werden Teilflächen mit dem Indikator „T“ gekennzeichnet.

Grundstücke des Grundsteuerkatasters können zur Verbesserung der Übersichtlichkeit der Katastralmappe auch **von Amts wegen** vereinigt werden. Dafür ist weder ein Antrag des Grundstückseigentümers noch dessen Zustimmung für das amtswegige Verfahren erforderlich. Wesentlich ist allerdings die Feststellung, dass die Vereinigung im Zuge der Erhebung der Benützungsart vorgenommen wird und zur Darstellung von Grundflächen gleicher Benützungsart zweckmäßig ist. Dies ist im Anmeldungsbogen zu beurkunden.

Durch diese Bestimmung sollen unübersichtliche Darstellungen im Zuge der Ersichtlichmachung von Benützungsarten vermieden werden.

H Mappenberichtigung

Ergibt sich, dass die Darstellung des Grenzverlaufs eines Grundsteuerkataster-Grundstücks in der Katastralmappe mit dem seit der letzten Vermessung unverändert gebliebenen Grenzverlauf dieses Grundstücks in der Natur nicht übereinstimmt, hat die Vermessungsbehörde die Berichtigung der Katastralmappe von Amts wegen vorzunehmen.

Folgende Anlässe können Anstoß für eine Mappenberichtigung sein:

- Vermessungsarbeiten zur Erstellung von Planurkunden durch Vermessungsbefugte,
- Amtshandlungen der Vermessungsbehörde,
- Hinweise der Datennutzer bzw Grundstückseigentümer.

Sind bei der Erstellung von Planurkunden Mappenberichtigungen zu veranlassen, so ist ein eigener **Mappenberichtigungsplan** zu verfassen, der folgende Angaben zu enthalten hat:

- Grundstücksnummern, Namen der Eigentümer und, sofern das Grundstück zur Gänze vermessen wurde, das bisherige und das neue Flächenausmaß,
- eine zeichnerische Darstellung im Maßstab der Katastralmappe mit den bisherigen Angaben in schwarzer Farbe und den sich aus der Mappenberichtigung ergebenden Angaben in blauer Farbe (im eigentlichen Plan ist die Katastralmappe bereits unter Berücksichtigung der Mappenberichtigung darzustellen),
- ein beurkundetes Protokoll über die Festlegung des Grenzverlaufes mit der Erklärung der Eigentümer, dass der Grenzverlauf seit der letzten Vermessung unverändert geblieben ist.

Die Beurteilung einer Mappenberichtigung ist ausschließlich durch die Vermessungsbehörde vorzunehmen. Dazu zählt die Überprüfung

- der technischen Notwendigkeit einer Mappenberichtigung,
- der ordnungsgemäßen Beurkundung durch den Vermessungsbefugten,
- des Mappenberichtigungsplans.

Die **Fläche** eines von der Mappenberichtigung betroffenen Grundstückes kann geändert werden. Sie ist jedenfalls zu ändern, wenn Grundstücke zur Gänze durch Koordinaten bestimmt sind.

I Gerichtliche Entscheidungen über Grenzen

Änderungen der Grundstücksgrenzen können sich auch nach einem Grenzstreit ergeben, wenn die Grenze vom Gericht oder durch einen gerichtlichen Vergleich anders festgelegt wird, als sie im Kataster nachgewiesen ist.

Die – häufig im gerichtlichen **Grenzberichtigungsverfahren** nach §§ 850 ff ABGB anfallenden – gerichtlichen Entscheidungen wirken rechtsändernd (konstitutiv), dh die Eigentumsgrenzen ändern sich mit der Rechtskraft des Gerichtsbeschlusses, Urteils oder des Vergleichs. Dieser ist in den Kataster zu übernehmen.

Damit diese festgesetzte Grenze dem Vermessungsamt bekannt wird, sind die Gerichte zu entsprechenden **Mitteilungen** verpflichtet. Wenn im gerichtlichen Verfahren ein Sachverständiger (Fachgebiet Vermessungswesen) zugezogen worden ist, der die Grenzen vermessen und hierüber einen Plan verfasst hat, erfolgt die Berichtigung der Katastralmappe auf Grund dieses Planes.

J Berichtigung des Grenzkatasters

Wenn sich ergibt, dass die Neuanlegung des Grenzkatasters oder eine in diesem enthaltene Einverleibung oder Anmerkung mit ihrer Grundlage nicht im Einklang steht oder fehlerhaft ist, ist von Amts wegen oder auf Antrag des Eigentümers eine Berichtung vorzunehmen.

Eine solche Berichtigung setzt voraus, dass die Einverleibung entweder mit ihrer Grundlage nicht in Einklang steht – dh die Eintragung und die ihr zugrunde liegende Urkunde divergieren – oder die Einverleibung „fehlerhaft“ ist, wobei die Quelle des Fehlers eine sonstige – nicht näher bezeichnete – Unrichtigkeit sein kann.

Die Berichtigung ist vom Vermessungsamt mit Bescheid zu verfügen.

1 Änderungen im Festpunktfeld

Sowohl die Koordinaten der Grenzpunkte als auch die Koordinaten der Geocodierung der Adressen werden im Grenzkataster vom Festpunktfeld abgeleitet. Durch die Verbesserung der Messmethoden und Anpassungen an übergeordnete Systeme kann es zu Änderungen der Koordinaten des Festpunktfeldes kommen. Diese Neubestimmungen oder Neurechnungen im Festpunktfeld bewirken eine Änderung der Koordinatenwerte der Grenzpunkte der Grundstücke und der Geocodierung der Adressen, ohne dass Grenzpunkte in der Natur geändert werden.

Aus verwaltungsökonomischen Gründen werden diese technisch bedingten Änderungen im Grenzkataster (ohne Erlassung von Einzelbescheiden) von Amts wegen mittels Verordnung durchgeführt.

Muster
Berichtigung des Grenzkatasters wegen Änderungen im Festpunktfeld

3788.Verordnung des Bundesamtes für Eich- und Vermessungswesen vom 23. August 2010 über die Änderung der Koordinaten von Grenzpunkten und der Geocodierungen von Adressen in der Katastralgemeinde Rohrbach, Nr. 47320.

Gemäß § 13 Abs. 4 Vermessungsgesetz (VermG), BGBl. Nr. 306/1968, zuletzt geändert durch das BGBl. I Nr. 100/2008, wird die Änderung der Koordinaten der Grenzpunkte der Grundstücke des Grenzkatasters sowie der Geocodierungen der Adressen angeordnet:

§ 1 (1) Durch eine Neumessung und Neurechnung des Festpunktfeldes in der Katastralgemeinde Rohrbach, Nr. 47320, wurden die Koordinaten der Festpunkte neu bestimmt.

(2) Die von den Festpunkten abgeleiteten Koordinaten der Grenzpunkte der Grundstücke des Grenzkatasters sowie der Geocodierungen der Adressen werden von Amts wegen geändert.

(3) Die geänderten Koordinaten der Grenzpunkte der Grundstücke des Grenzkatasters sowie der Geocodierungen der Adressen sind in den technischen Unterlagen im Vermessungsamt Rohrbach während der Kundenservicezeiten einzusehen.

§ 2 Diese Verordnung tritt am Tag nach ihrer Verlautbarung in Kraft.

Wien, 23. August 2010

Der Leiter des BEV: Dipl.-Ing. August Hochwartner

VIII Teilung von Grundstücken

Wenn die Grenzen eines Grundstücks verändert werden, zB weil aus einem Grundstück mehrere neue Grundstücke geschaffen oder Teile des Grundstücks mit einem anderen Grundstück vereinigt werden, ist ein **Teilungsplan** notwendig. Für die anschließende Eintragung in das Grundbuch (Verbücherung) ist eine als „**Planbescheinigung**" bezeichnete Genehmigung des Vermessungsamtes und meist auch eine Bewilligung der Gemeinde notwendig.

Werden aus einem Grundstück mehrere Grundstücke (Bauplätze) geschaffen, spricht man oft auch von einer Parzellierung.

Neben den Teilungsplänen sind auch Pläne zur Umwandlung in den Grenzkataster und zur Mappenberichtigung für den Kataster relevant, die jedoch keiner Planbescheinigung sondern einer formalen und technischen Überprüfung durch die Vermessungsbehörde bedürfen.

Pläne für technische Zwecke, zB Geländedarstellungen, Verkehrswegebau, Bestands- und Lagepläne, haben idR keine Auswirkung auf den Kataster und werden daher hier auch nicht behandelt.

A Erstellung von Teilungsplänen

Teilungspläne setzen wie alle anderen grundstücksbezogenen Pläne eine Grenzvermessung mit Grenzverhandlung und die Festlegung und Kennzeichnung der Grenzen voraus (⇨ Katasterverfahren).

Da die grundbücherliche Teilung eines Grundstücks nur auf Grund des Planes eines **Vermessungsbefugten** oder der Vermessungsbehörde durchgeführt werden kann, sind nur diese Stellen zur Verfassung von Teilungsplänen befugt (⇨ Organisation des Katasters).

Der Teilungsplan ist eine **öffentliche Urkunde** und muss nach Erstellung dem **Vermessungsamt** vorgelegt werden, das zu prüfen hat, ob der Plan allen vom VermG und der VermV geforderten Voraussetzungen entspricht, auf den bisherigen Angaben im Kataster aufbaut und im Kataster durchführbar ist. Darüber ist vom Vermessungsamt eine **Bescheinigung** in Bescheidform auszustellen, um den Plan im Grundbuch eintragen zu können.

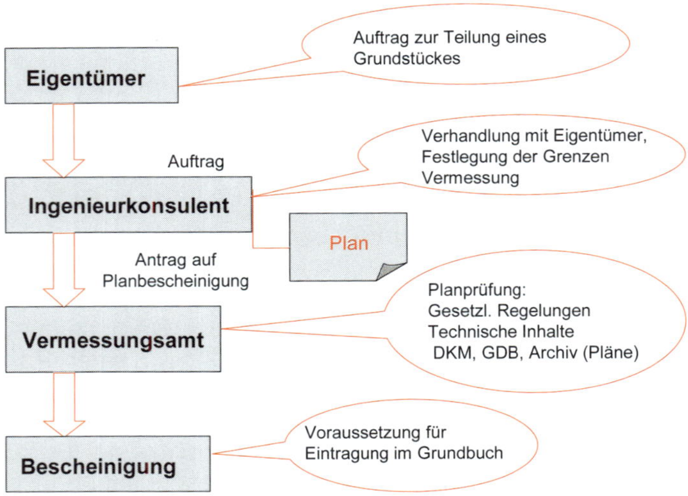

Abb 8.1: Ablauf einer Grundstücksteilung

B Planbescheinigung

1 Antrag

Die Bescheinigung des Planes ist vom Eigentümer, vom Planverfasser oder einem Bevollmächtigten beim örtlich zuständigen Vermessungsamt zu beantragen. Pläne von Ingenieurkonsulenten für Vermessungswesen sind direkt aus dem Urkundenarchiv der Ziviltechniker zu übermitteln.

Auf Antrag des Planverfassers können schon vor der Planerstellung vorläufige neue Grundstücksnummern und Grenzpunktnummern reserviert werden.

2 Formale Eingangsprüfung

Der eingereichte Plan muss von einer in § 1 Abs 1 oder 2 LiegTeilG genannten Person oder Dienststelle verfasst sein (Vermessungsbefugte) und einen Hinweis auf die Berechtigung des Planverfassers enthalten.

Plandatum und Geschäftszahl des Planverfassers sowie die rechtlich erforderliche elektronische Signatur des Vermessungsbefugten müssen angegeben sein.

GZ: 4932-1/09

SEITE 1

10/2011

LAND: STEIERMARK
KAT. GEM.: LASSNITZHÖHE
KAT. GEM. Nr.: 63250

VA.: GRAZ
GER. BEZ.: GRAZ
M. Bl. Nr.: 7022-36/2

Vermessungsamt Graz
Eing. 24. Nov. 2009
GZP. 2145/09 Blg.

TZ. HEZ Vhw 10/2011
DKM ber. am 13.4.2011 von ZIE
KG laden am 13.4.2011 von ZIE
GDB ber. am 15.4.2011 von ZIE

TEILUNGSPLAN

ELEKTRONISCHE BEURKUNDUNGSSIGNATUR		
Signaturwert	mHKbLVv0wVICWcdVQJDSh5EOZHIR/tSUQA5oVOmnsUGNXlaflQK4o0DF9oHveMTb	
staatlich befugter und beeideter Ziviltechniker	Signator	Dipl.-Ing. Hermann Mussack
		Ingenieurkonsulent für Vermessungswesen
		Kanzleisitz: Graz
	Signaturdatum	UTC 2009-11-23T08:17:28
	Zertifizierungsdienst	CN=a-sign-Premium-Sig-02,OU=a-sign-Premium-Sig-02, O=A-Trust Ges. f. Sicherheitssysteme im elektr. Datenverkehr GmbH,C=AT
	Seriennummer	245800
	Algorithmus	http://www.w3.org/2007/05/xmldsig-more#ecdsa-ripemd160
	Methode	urn:pdfsigfilter:bka.gv.at:binaer:v1.0.0
Hinweis:	Dokumentenformat: ISO 19005-1:2005 PDF/A-1b	

DI Mussack Skalicki-Weixelberger ZT-OEG, Ingenieurkonsulent f. Vermessungswesen, staatl. bef. und beeid., Graz

Es wird beurkundet, daß dieser Plan auch als Gleichstück gem. Par. 39, Abs. 2 Ziff. 2 VermG. dient

Die Vermessung erfolgte im Sinne des Par. 6, Abs. 1 VermV.

DI MUSSACK
SKALICKI-WEIXELBERGER ZT-OEG

Staatlich befugte u. beeidete
Ing.-Konsulenten für Vermessungswesen
8010 Graz, Zwerggasse 13, Tel. 0316/381820

Diese Planausfertigung stimmt mit dem elektronischen Original der Urkunde im elektronischen Urkundenarchiv der BAIK vollinhaltlich überein.

PLANVERFASSER

Die Planverfasser sind auf Grund des Verleihungsaktes des Bundesministeriums f. W. u. A. vom 4.7.2001 Zahl 91.519/59-III/7/01 berechtigt, Pläne zur grundbücherlichen Teilung von Grundstücken gemäß Par. 1 Lieg. Teil. G. zu erstellen.

Die Vermarkung der Teilungslinie im Sinne des Par. 845 A.B.G.B. wird bestätigt.

DI Mussack Skalicki-Weixelberger ZT-OEG, Ingenieurkonsulent f. Vermessungswesen

UNTERSCHRIFT

Örtliche Vermessung am: 15.09.2009

Graz, am 19.10.2009

Abb 8.2: Deckblatt einer Planurkunde

SEITE: 2

DI Mussack-DI Weixelberger ZT-OEG 8010 Graz, Zwerggasse 13 Tel. 0316/381820	TEILUNGSAUSWEIS GZ: 4932-1/09	VA : Graz KG Name : Laßnitzhöhe KG Nr. : 63250

Vermessen am: 15.09.2009 Graz................ am: 19.10.2009 Mappenblatt: 7022-36/2

STAND VOR DER VERMESSUNG						Tr. stk.	Bz	ABFALL			ZUWACHS			STAND NACH DER VERMESSUNG						
Gst.Nr.	EZ	Ben	G	Fläche	Eigentümer			zu Gst.Nr.	zu EZ	Fl.	aus Gst.Nr	aus EZ	Fl.	Gst. Nr.	EZ	Ben	G	Bz	Fläche	Eigentümer
1852	480	LW Wld		5453 T 5322 T 131	Plhak Rudolf geb. 1950-07-20 , 1/1 Bahnhofstr. 44 Laßnitzhöhe 8301 Laßnitzhöhe	1 2 3 4	o o o o	1852/2 1852/3 1852/4 1850	 595	1004 234 1158 129				1852/1	480	LW Wld		Ro g g	2928 T 2797 T 131	Plhak Rudolf geb. 1950-07-20 , 1/1 Bahnhofstr. 44 Laßnitzhöhe 8301 Laßnitzhöhe
1850	595	LW		4831	Plhak Rudolf geb. 1950-07-20 , 1/1 Bahnhofstr. 42 Laßnitzhöhe 8301 Laßnitzhöhe	4	o				1852	480	129	1850	595	LW		R	4960	Plhak Rudolf geb. 1950-07-20 , 1/1 Bahnhofstr. 42 Laßnitzhöhe 8301 Laßnitzhöhe
						1	o				1852	480	1004	1852/2		Bf53		o	1004	
						2	o				1852	480	234	1852/3		Bf53		o	234	
						3	o				1852	480	1158	1852/4		Bf53		o	1158	
				10284	Gesamtsumme					2525			2525						10284	

Abb 8.3: Muster Teilungsausweis (Gegenüberstellung)

DI Mussack-DI Weixelberger ZT-OEG Seite 4
8010 Graz, Zwerggasse 13 GZ.: 4932-1/09
Tel. 0316/381820 Teilung (Plhak)

KOORDINATENVERZEICHNIS

PunktNr.	Y (m)	X (m)	mPLG.	Bemerkungen	VHW
		Polygonpunkte			
GPS-PP.05	-55511.65	215819.92	0.08		P1783/2009
		Überprüfte Punkte			
63250#2337 ✓	-55528.14	215863.70		Stein	P1783/2009
63250#2340 ✓	-55547.58	215897.57		Stein	P1783/2009
63250#13179 ✓	-55599.00	215852.19		Marke Metall	4/2004
63250#13180 ✓	-55596.25	215849.59		Marke Metall	4/2004
63250#13181 ✓	-55582.21	215835.33		Marke Metall	4/2004
63250#14794 ✓	-55563.46	215815.12		Eisenrohr	P1783/2009
		Neue Punkte			
63250#14812	-55570.18	215822.36		Marke Metall	
63250#14813	-55551.52	215840.71		Marke Metall	
63250#14814	-55570.95	215874.54		Marke Metall	
63250#14815	-55566.53	215878.89		Marke Metall	
63250#14816	-55547.10	215845.05		Marke Metall	

POLYGONZUG aus Plan P 1783/2009 übernommen.

Abb 8.4: Muster Koordinatenverzeichnis

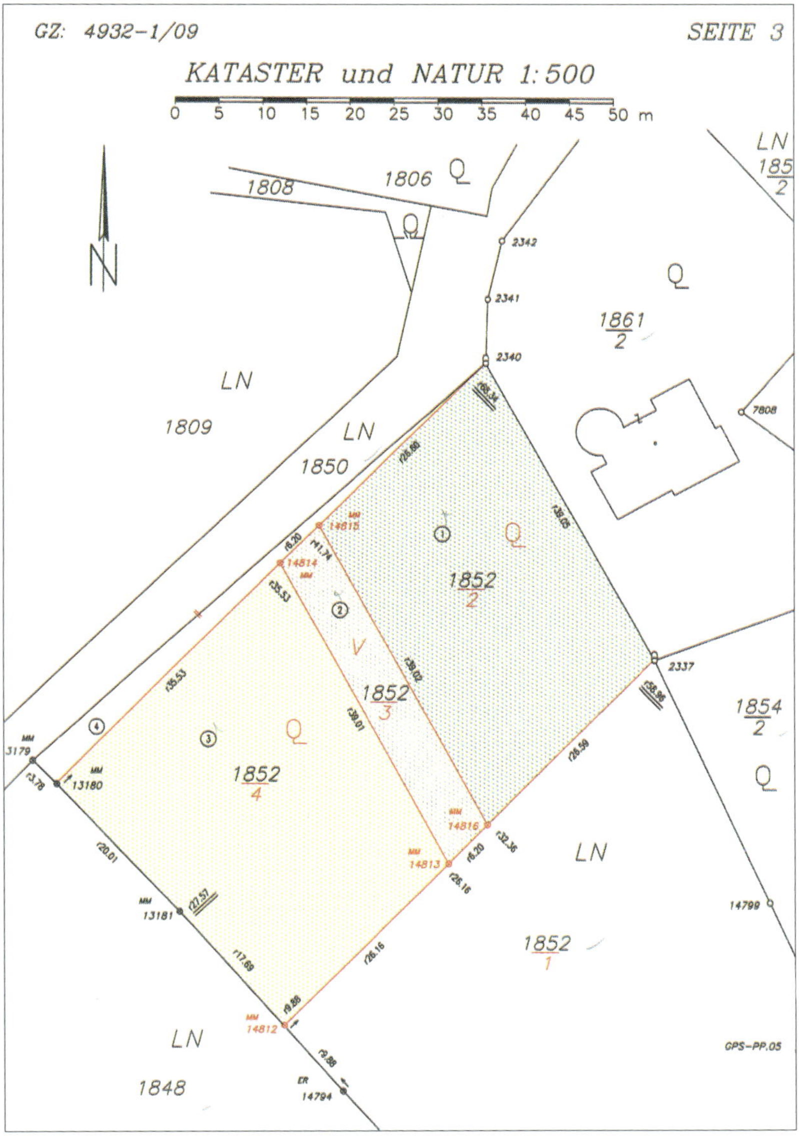

Abb 8.5: Muster zeichnerische Darstellung

Die Vermessung zur Erstellung des Planes darf nicht länger als zwei Jahre zurückliegen. Andernfalls hat der Plan eine Erklärung zu enthalten, dass der dargestellte Grenzverlauf mit dem Naturstand übereinstimmt. Diese Erklärung (Naturstandsklausel) darf zum Zeitpunkt des Einlangens des Antrags auf

Planbescheinigung nicht älter als drei Monate sein und kann auch von einem anderen Planverfasser angebracht werden.

Der Antrag wird unter der GZ des Vermessungsamtes bei allen betroffenen Grundstücken im Grundstücksverzeichnis angemerkt.

3 Protokoll

Sind Grundstücke betroffen, die noch nicht im Grenzkataster enthalten sind, so ist ein beurkundetes ⇨ **Protokoll** über die Festlegung des Grenzverlaufs anzuschließen.

Dipl.-Ing. Benzinger Ziviltechniker KEG ▪ Mariazellerstraße 1a/4 ▪ A-8605 Kapfenberg
T 0 38 62 / 28 811 ▪ F 0 38 62 / 22 473 ▪ E office@vermessung-benzinger.at ▪ H www.vermessung-benzinger.at

ZT
Vermessung Benzinger

Protokoll zur Grenzfestlegung
KG 63 212 Eisbach

GZ 1022/09-P S 2/5
Plandatum: 18.12.2009

Frau Stein gibt an, dass der in der Natur ersichtliche Weg immer die Grenze war. Einen Grenzpunkt kann Sie in der Natur allerdings nicht festlegen. Somit ist der Punkt von Timmer definitiv festgelegt. Nach dem Punkt Timmer kommt der anerkannte Weg, der im Öffentlichen Gut ist und der weitere Punkt, der in der Natur nicht festgelegt werden kann, wird im Sinne einer Qualitätsverbesserung im Kataster eingetragen.

Ende der Begehung: 09:20

4. Behelfe
Am Vermessungsamt aufliegende öffentliche Urkunden (Benennung durch Angabe des Veränderungshinweises):
VHW 13/2008 18/67

Andere öffentliche Urkunden:
keine

Vorgelegt private Urkunden, die für die Festlegung des Grenzverlaufes maßgeblich sind:
keine

Vorgelegte private Urkunden, die zur Festlegung des Grenzverlaufes nicht relevant sind oder die auf den gegenständlichen Grenzabschnitt überhaupt nicht Bezug nehmen oder Urkunden die als nicht verwendbares Beweismittel abgewiesen wurden, sind unter Punkt 3 angeführt.

5. Unterschriften den Parteien
Nach Vorlage der vom Verhandlungsleiter erhobenen, maßgeblichen Behelfe, Bewertung und gegebenenfalls Berücksichtigung der von den Parteien eingebrachten Behelfe, wird nach Protokollierung der Niederschrift auf Tonband, der in der Natur einvernehmlich festgelegte und in der graphischen Beilage zu diesem Protokoll dargestellte Grenzverlauf als der seit der letzten Vermessung unverändert gebliebene Grenzverlauf bestätigt.

Betroffene Grundstücke der Katastralgemeinde 63212 Eisbach
1822 1821 1820/1

EZ: 123 GB 63212 Eisbach
A: 1/4

GZ: 1022/09
Zustimmung zum Planstand: 15.10.2009

Timmer Waltraud
GEB. 1967-10-17
Schirning 70
8112 Gratwein

Waltraud Timmer

Betroffene Grundstücke der Katastralgemeinde 63212 Eisbach
1822 1821 1820/1

EZ: 123 GB 63212 Eisbach
A: 1/4

GZ: 1022/09
Zustimmung zum Planstand: 15.10.2009

Timmer Willibald
GEB. 1965-03-19
Schirning 70
8112 Gratwein

Timmer Willibald

Abb 8.6: Muster Ausschnitt aus einem Protokoll

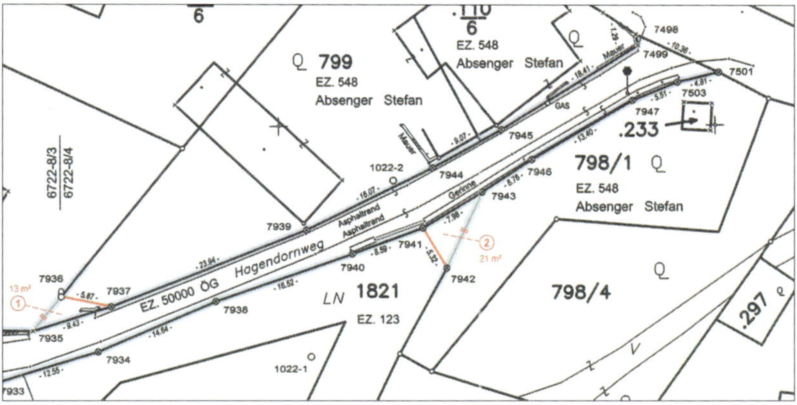

Abb 8.7: Ausschnitt aus einer Verhandlungsskizze

Waren die Unterschriften der Eigentümer der angrenzenden Grundstücke zum Verlauf der Grenze dieser Grundstücke (**Zustimmungserklärung**) nicht zu erlangen, hat der Plan die Erklärung des Planverfassers mit Angabe der Namen und Adressen der betreffenden Eigentümer zu enthalten.

Soweit die Zustimmung eines Eigentümers zum Verlauf der Grenze bereits in einem vorausgehenden Plan enthalten ist, genügt im Folgeplan ein entsprechender Hinweis. Aus der Zustimmung muss eindeutig hervorgehen, auf welche Grenzabschnitte sie sich bezieht.

4 Katastertechnische Prüfung

Im Verlauf der katastertechnischen Prüfung wird der Planinhalt auf die Einhaltung der Bestimmungen des Vermessungsgesetzes und der Vermessungsverordnung (⇨ Bestimmungen über Vermessungen und Pläne) überprüft, besonders hinsichtlich der Gegenüberstellung, der zeichnerischen Darstellung und des Anschlusses an das Festpunktfeld.

Beim Anschluss an das Festpunktfeld ist unabhängig von der Methode – terrestrische oder satellitengestützte Messung – besonders darauf zu achten, dass die (fehlertheoretisch) nächstgelegenen Festpunkte verwendet wurden. Solange das amtliche Festpunktfeld nicht flächendeckend homogenisiert ist, ist dies notwendig, um die Nachbarschaftsgenauigkeit der Grenzpunkte zu erhalten.

Der Planverfasser hat Vorpläne zu berücksichtigen und im Plan anzugeben.

Hinweis

Die Aufgabe des Vermessungsamtes im Teilungsverfahren ist die Prüfung der Übereinstimmung mit den Angaben des Katasters sowie der Durchführbarkeit im Kataster und die Zuweisung der erforderlichen neuen Grundstücksnummern. Von der Vergabe neuer Grundstücksnummern wird abgesehen, wenn Teile mit angrenzenden Grundstücken zusammengefasst werden.

Katastertechnische Prüfung – Bericht
Plan vom 1.1.2009, GZ 234/2009, PlanverfasserIn DI Erich Mustermann/frau

	Prüfpunkt	**Prüfergebnis**
1.	Das Datum der Vermessung ist nicht älter als 2 Jahre oder es liegt eine gültige Naturstandsklausel vor.	OK
2.	Formale Kriterien sind erfüllt (elektronische Signaturen, Dateiformate, Berufsberechtigungen, Plan-GZ, Datum der Planausfertigung, Name und Nummer der KG).	OK
3.	Der Altstand des Planes stimmt mit Kataster überein.	OK
4.	Vorauspläne sind berücksichtigt.	OK
5.	Die Gegenüberstellung ist vollständig, richtig und widerspruchsfrei.	Fehler: Fläche bei GST.nn
6.	Die zeichnerische Darstellung entspricht der Vermessungsverordnung.	OK
7.	Das Koordinatenverzeichnis am Plan ist gegenüber der zeichnerischen Darstellung vollständig, richtig und widerspruchsfrei.	Fehler: GP 1234 fehlt
8.	Das digitale Koordinatenverzeichnis ist vorhanden.	OK
9.	Der Festpunktanschluss entspricht der Vermessungsverordnung.	OK
10.	Protokoll gem. §43 (6) VermG ist vorhanden (inkl. Erklärung der Eigentümer bei Mappenberichtigung)	OK
11.	Betroffene bzw. neu entstehende Grundstücke sind zur Gänze vermessen.	OK

Abb 8.8: Muster Prüfbericht

5 Verbesserungsauftrag

Werden im Zuge der Prüfung des Plans Mängel festgestellt, so sind dies Formgebrechen im Sinne des § 13 Abs 3 AVG. Diese Mängel werden dem Planverfasser in Form eines **Prüfberichtes** zur Kenntnis gebracht.

Der Planverfasser hat diese Mängel in einer gesetzten Frist zu beseitigen; andernfalls muss der Antrag auf Planbescheinigung abgewiesen werden.

6 Bescheid

Ergibt die Prüfung des Plans, dass er den gesetzlichen Voraussetzungen entspricht, wird die für die grundbücherliche Durchführung erforderliche Bescheinigung in einfacher Bescheidausfertigung ausgestellt.

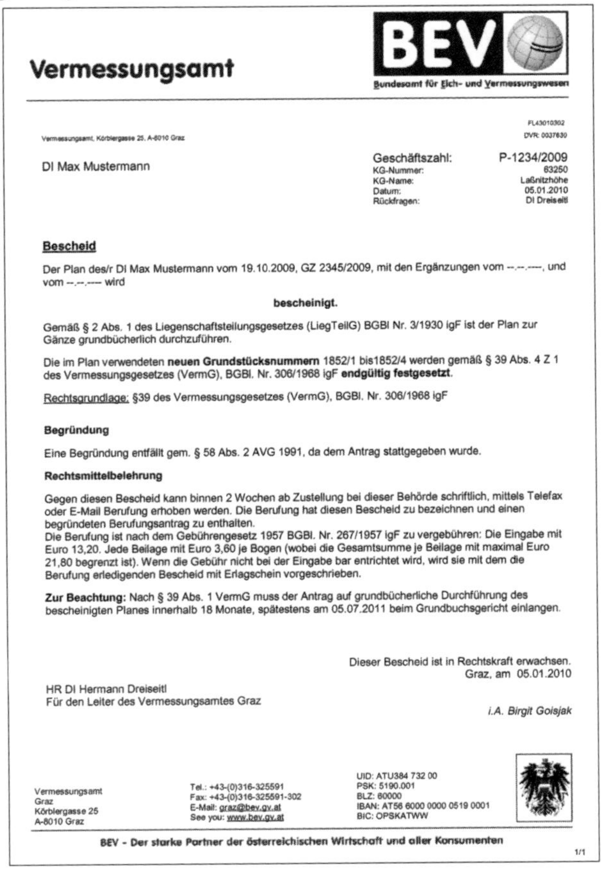

Vermessungsamt

BEV Bundesamt für Eich- und Vermessungswesen

FL43010302
DVR: 0037630

Vermessungsamt, Körblergasse 25, A-8010 Graz

DI Max Mustermann

Geschäftszahl: P-1234/2009
KG-Nummer: 63250
KG-Name: Laßnitzhöhe
Datum: 05.01.2010
Rückfragen: DI Dreiseitl

Bescheid

Der Plan des/r DI Max Mustermann vom 19.10.2009, GZ 2345/2009, mit den Ergänzungen vom --.--.----, und vom --.--.---- wird

bescheinigt.

Gemäß § 2 Abs. 1 des Liegenschaftsteilungsgesetzes (LiegTeilG) BGBl Nr. 3/1930 igF ist der Plan zur Gänze grundbücherlich durchzuführen.

Die im Plan verwendeten **neuen Grundstücksnummern** 1852/1 bis1852/4 werden gemäß § 39 Abs. 4 Z 1 des Vermessungsgesetzes (VermG), BGBl. Nr. 306/1968 igF **endgültig festgesetzt**.

Rechtsgrundlage: §39 des Vermessungsgesetzes (VermG), BGBl. Nr. 306/1968 igF

Begründung

Eine Begründung entfällt gem. § 58 Abs. 2 AVG 1991, da dem Antrag stattgegeben wurde.

Rechtsmittelbelehrung

Gegen diesen Bescheid kann binnen 2 Wochen ab Zustellung bei dieser Behörde schriftlich, mittels Telefax oder E-Mail Berufung erhoben werden. Die Berufung hat diesen Bescheid zu bezeichnen und einen begründeten Berufungsantrag zu enthalten.
Die Berufung ist nach dem Gebührengesetz 1957 BGBl. Nr. 267/1957 igF zu vergebühren: Die Eingabe mit Euro 13,20. Jede Beilage mit Euro 3,60 je Bogen (wobei die Gesamtsumme je Beilage mit maximal Euro 21,80 begrenzt ist). Wenn die Gebühr nicht bei der Eingabe bar entrichtet wird, wird sie mit dem die Berufung erledigenden Bescheid mit Erlagschein vorgeschrieben.

Zur Beachtung: Nach § 39 Abs. 1 VermG muss der Antrag auf grundbücherliche Durchführung des bescheinigten Planes innerhalb 18 Monate, spätestens am 05.07.2011 beim Grundbuchsgericht einlangen.

Dieser Bescheid ist in Rechtskraft erwachsen.
Graz, am 05.01.2010

HR DI Hermann Dreiseitl
Für den Leiter des Vermessungsamtes Graz

i.A. Birgit Goisjak

Vermessungsamt Graz
Körblergasse 25
A-8010 Graz

Tel.: +43-(0)316-325591
Fax: +43-(0)316-325591-302
E-Mail: graz@bev.gv.at
See you: www.bev.gv.at

UID: ATU384 732 00
PSK: 5190.001
BLZ: 60000
IBAN: AT56 6000 0000 0519 0001
BIC: OPSKATWW

BEV - Der starke Partner der österreichischen Wirtschaft und aller Konsumenten

1/1

Abb 8.9: Muster Planbescheinigungsbescheid

Die Bescheinigung umfasst die Festsetzung der für die grundbücherliche Durchführung erforderlichen Grundstücksnummern und erforderlichenfalls die Bedingung, dass ein angemerkter Plan oder Anmeldungsbogen vorab grundbücherlich durchgeführt werden muss.

Der Bescheid ist 18 Monate gültig, das heißt, dass der Antrag auf Verbücherung dieses Plans innerhalb von 18 Monaten beim Grundbuchsgericht einlangen muss.

7 Rechtsmittel

Gegen den Bescheid des Vermessungsamtes können Rechtsmittel (**Berufung**) erhoben werden. Der Instanzenzug in diesem Verfahren ist dreistufig.

1. Instanz: Vermessungsamt
2. Instanz: Bundesamt für Eich- und Vermessungswesen
3. Instanz: Bundesministerium für Wirtschaft, Familie und Jugend

Ist kein weiteres ordentliches Rechtsmittel mehr zulässig, kann noch der Verfassungsgerichtshof oder der Verwaltungsgerichtshof angerufen werden.

C Grundbuchsverfahren

Der Antrag auf grundbücherliche Durchführung wird beim zuständigen Grundbuchsgericht gestellt (Grundbuchsgesuch). Dazu bedarf es neben dem Teilungsplan, der Bescheinigung und dem Vertrag in bestimmten Fällen zusätzlicher Teilungsgenehmigungen.

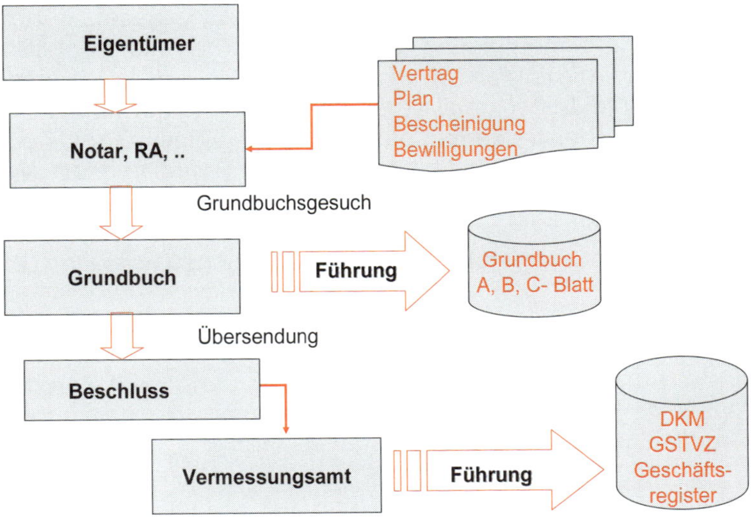

Abb 8.10: Ablaufschema Grundbuchsverfahren

Teilungsbeschränkungen

Die Teilung von Grundstücken unterliegt vielen gesetzlichen Einschränkungen: zB Baurecht, Forstrecht, Flurverfassungsrecht, Raumordnungsrecht, Wald- und Weideservitute, Grundverkehrsgesetze, Güter- und Seilwegegesetze, Wohnsiedlungsgesetze, Assanierungs- und Bodenbeschaffungsgesetz, Vorschriften für „geschlossene Höfe" in Tirol. Diese Beschränkungen sind bei der Erstellung des Teilungsplans zu beachten. Die Einhaltung dieser gesetzlichen Bestimmungen wird vom Grundbuch geprüft.

Die **Bauordnungen** der Bundesländer enthalten Vorschriften, die eine bauliche Nutzung beschränken. In bebauten oder zur Bebauung vorgesehenen Gebieten soll verhindert werden, dass die Teilung oder sonstige Änderung eines Grundstücks den Festsetzungen des Bebauungsplanes widerspricht. Diese Veränderungen bedürfen zu ihrer Wirksamkeit nach den meisten Bauordnungen der **Genehmigung der Baubehörde** (Gemeinde). In einigen Bundesländern sind auch im Freiland Teilungsgenehmigungen erforderlich.

Die Teilung **landwirtschaftlicher und forstwirtschaftlicher Grundstücke** unterliegt verschiedenen Einschränkungen. ZB bedarf die Teilung von landwirtschaftlichen Kulturflächen auf Grund des NÖ KulturflächenschutzG einer Bewilligung der Bezirksverwaltungsbehörde, wenn dadurch ein zusammenhängender Teil eines Grundbuchskörpers in der Größe von weniger als

1 ha entstehen würde. Nach dem Bgld Teilungsgesetz dürfen ua Äcker ohne Genehmigung der Agrarbehörden nicht geteilt werden, wenn die durch die Teilung entstehenden Trennstücke nicht das Mindestausmaß von 5000 m^2 Fläche aufweisen.

Das Grundbuchsgericht darf die Teilung eines Grundstückes, das im Kataster zumindest teilweise die Benützungsart „**Wald**" aufweist, nur dann bewilligen, wenn eine Bescheinigung der Forstbehörde vorliegt, dass die Eintragung nicht gegen das WaldteilungsG verstößt oder eine Teilungsbewilligung erteilt wurde.

Wenn Grundstücke geteilt werden sollen, die von einem **Agrarverfahren** betroffen sind, ist der Teilungsplan der zuständigen Agrarbehörde vorzulegen. Diese prüft die Übereinstimmung der Teilung mit der vorgesehenen Neueinteilung der Grundstücke auf Grund des Agrarverfahrens.

D Durchführung im Kataster

Der Grundbuchsbeschluss ergeht ua auch an das zuständige Vermessungsamt. Auf Grund des Beschlusses werden vom Vermessungsamt die Änderung im Grundstücksverzeichnis und die Aktualisierung der Katastralmappe vorgenommen. Bei den geänderten Grundstücken verweist die angemerkte GZ (Vhw) auf die im Geschäftsregister abgelegte Urkunde.

Hinweis

Die neuen Grundstücke entstehen nicht schon im Zuge der Teilungsvermessung, sondern erst mit der grundbücherlichen Durchführung des Teilungsplanes. Die Teilung wird im Kataster vorgemerkt, aber erst auf Grund des zugehörigen Grundbuchsbeschlusses durchgeführt.

IX Grundbuch

Das Grundbuch ist ein von den Bezirksgerichten geführtes amtliches öffentliches Verzeichnis von Grundstücken, in dem die **Eigentumsverhältnisse** sowie die mit dem Grundstück verbundenen Rechte und auf ihm liegenden Lasten erfasst werden.

Folgende dingliche **Rechte** werden eingetragen:

- Eigentum
- Wohnungseigentum
- Pfandrecht
- Baurecht
- Dienstbarkeiten
- Reallasten

Darüber hinaus kann durch Anmerkungen (zB Anmerkung der Rangordnung, Konkurs, bestehende Sachwalterschaft, Minderjährigkeit, laufendes Versteigerungsverfahren) und Ersichtlichmachungen (zB Berechtigungen aus Grunddienstbarkeiten, öffentlich-rechtliche Verpflichtungen) auf bestimmte rechtlich erhebliche Tatsachen hingewiesen werden.

Die dinglichen Rechte können nur durch Eintragung in das Grundbuch erworben werden (**Eintragungsgrundsatz**). Auf die Richtigkeit und Vollständigkeit des Grundbuchs kann jeder vertrauen (**Vertrauensgrundsatz**).

Der Kataster bildet die Basis für das Grundbuch: Er definiert Katastralgemeinde und Grundstück und macht bestimmte tatsächliche Grundstücksverhältnisse (zB Lage, Fläche, Benützungsart) ersichtlich. Grundbuch und Kataster verwalten überschneidende Datenbestände, die in der **Grundstücksdatenbank** elektronisch miteinander verknüpft sind.

Hinweis

Bis 1980 erfolgte die Grundbuchsführung durch handschriftliche Eintragung in gebundenen Büchern.

Auf Grund der elektronischen Speicherung von Grundbuch und Kataster in der Grundstücksdatenbank sind die früher geführten Hilfseinrichtungen und Verzeichnisse entbehrlich geworden. Grundstücks-, Anschriften- und Personenverzeichnis wurden durch Suchmöglichkeiten in der Grundstücksdatenbank ersetzt.

Die **Grundbuchsmappe** (früher eine Kopie der Katastralmappe) wurde aufgelassen und durch die Möglichkeit der elektronischen Einsichtnahme in die digitale Katastralmappe (DKM) ersetzt.

Das Grundbuch besteht aus:

- Hauptbuch
- Verzeichnis der gelöschten Eintragungen (Löschungsverzeichnis)
- Urkundensammlung
- als Hilfsverzeichnisse bezeichnete Suchmöglichkeiten

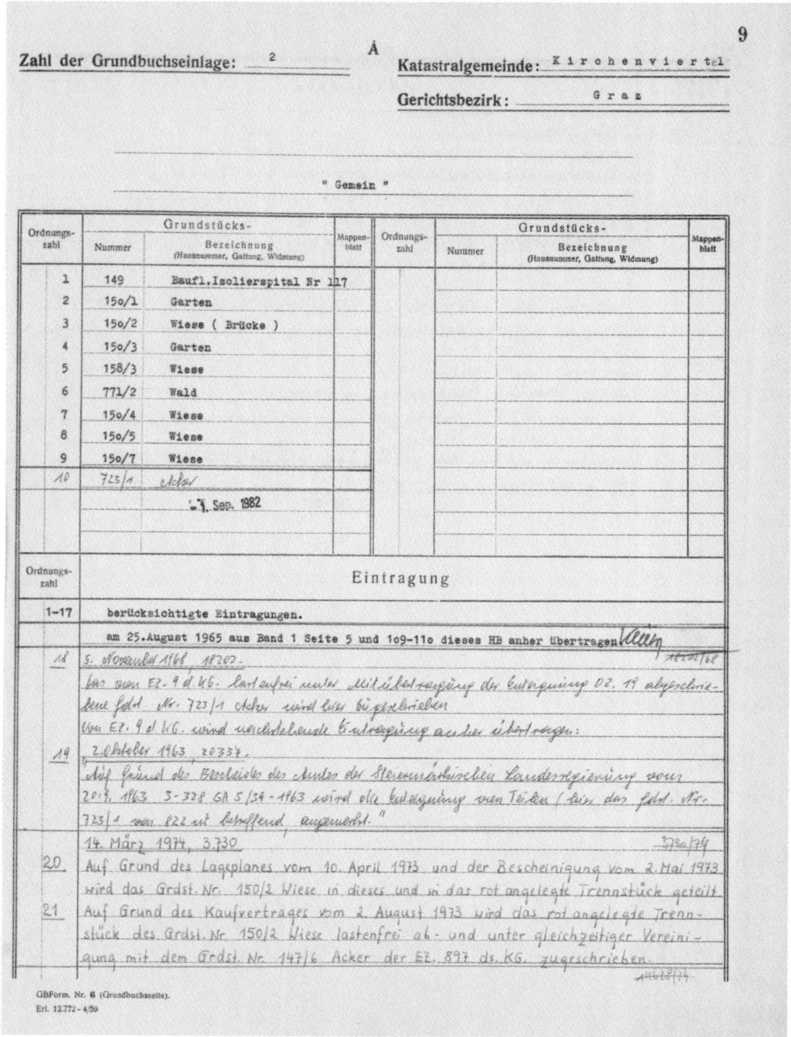

9

A

Zahl der Grundbuchseinlage: 2

Katastralgemeinde: Kirchenviertel

Gerichtsbezirk: Graz

" Gemein "

Ordnungszahl	Grundstücks- Nummer	Grundstücks- Bezeichnung (Hausnummer, Gattung, Widmung)	Mappenblatt	Ordnungszahl	Grundstücks- Nummer	Grundstücks- Bezeichnung (Hausnummer, Gattung, Widmung)	Mappenblatt
1	149	Baufl. Isolierspital Nr 117					
2	15o/1	Garten					
3	15o/2	Wiese (Brücke)					
4	15o/3	Garten					
5	158/3	Wiese					
6	771/2	Wald					
7	15o/4	Wiese					
8	15o/5	Wiese					
9	15o/7	Wiese					
10	723/1	Acker					
		7. Sep. 1982					

Ordnungszahl	Eintragung
1-17	berücksichtigte Eintragungen.
	am 25.August 1965 aus Band 1 Seite 5 und 1o9-11o dieses HB anher übertragen
18	5. November 1968, 18202. 18202/68 Das von EZ. 9 d. KG. lastenfrei unter Mitübertragung der Enteignung OZ. 19 abgeschriebene Grdst. Nr. 723/1 Acker wird hier zugeschrieben Von EZ. 9 d. KG. wird nachstehende Eintragung anher übertragen:
19	„2. Oktober 1963, 20337. Auf Grund des Bescheides des Amtes der Steiermärkischen Landesregierung vom 20.9.1963 3-338 GA 5/39-1963 wird die Enteignung von Teilen (hier das Grdst. Nr. 723/1 von 822 m² betreffend) angemerkt."
	14. März 1974, 3.730 3730/74
20	Auf Grund des Lageplanes vom 10. April 1973 und der Bescheinigung vom 2. Mai 1973 wird das Grdst. Nr. 150/2 Wiese in dieses und in das rot angelegte Trennstück geteilt.
21	Auf Grund des Kaufvertrages vom 2. August 1973 wird das rot angelegte Trennstück des Grdst. Nr. 150/2 Wiese lastenfrei ab- und unter gleichzeitiger Vereinigung mit dem Grdst. Nr. 147/6 Acker der EZ. 897 ds. KG. zugeschrieben.
	14628/74

GBForm. Nr. 6 (Grundbuchsseite).
Erl. 12.772-4/59

Abb 9.1: Historisches Grundbuch, A-Blatt

A Aufbau des Grundbuchs

1 Hauptbuch

Das Hauptbuch ist zur Aufnahme der Grundbuchseintragungen bestimmt. Es ist in Katastralgemeinden (KG) und Grundbuchseinlagen gegliedert. Für jeden **Grundbuchskörper** (das sind die zu einer Liegenschaft zusammengefassten Grundstücke, auf die sich die Eintragungen beziehen) besteht eine so genannte Einlage, die je Katastralgemeinde mit einer eigenen Nummer, der **Einlagezahl** (EZ), eindeutig bezeichnet ist.

Hinweis
Die früher neben dem allgemeinen Grundbuch bestehenden Sondergrundbücher (Landtafel, Eisenbahnbuch) wurden aufgelassen und in das Grundbuch integriert.
Die Bergbücher enthalten nur Bergwerksberechtigungen, aber keine dem Bergbau gewidmeten Grundstücke; es handelt sich daher nicht (mehr) um Sondergrundbücher.
Das vom Landeshauptmann zu führende Wasserbuch hat nur Evidenzcharakter über wasserrechtlich relevante Rechte.

Jede Einlage besteht aus drei Teilen (Blätter):

- Gutsbestandsblatt (A-Blatt)
- Eigentumsblatt (B-Blatt)
- Lastenblatt (C-Blatt) sowie der
- Aufschrift

a Aufschrift

In der Aufschrift ist neben den **administrativen Angaben** (zuständiges Bezirksgericht) die Benennung des Grundbuchs (idR = Katastralgemeinde, KG) mit Namen und Nummer (fünfstellige Kennzahl), die Einlagezahl (EZ), die letzte vollzogene Eintragung durch Angabe der Tagebuchzahl (TZ), allenfalls eine Plombe für eingereichte, aber noch nicht erledigte Grundbuchsstücke sowie das Abfragedatum angeführt.

Weiters sind gegebenenfalls die Bezeichnungen „Wohnungseigentum“, „Stammeinlage der Baurechtseinlage EZ ...“, allfällige Hausnamen (Vulgonamen) landwirtschaftlicher Liegenschaften und der Hinweis auf besondere Abschriften (Teilauszug aus der EZ) Bestandteil der Aufschrift.

Muster Aufschrift einer Grundbuchsabschrift

```
GRUNDBUCH 01657 Leopoldstadt                               EINLAGEZAHL 12
BEZIRKSGERICHT Donaustadt
*****************************************ABFRAGEDATUM 2011-07-01
Letzte TZ 379/2001
Plombe 1409/2011
Wohnungseigentum
```

b Gutsbestandsblatt (A-Blatt)

Das Gutsbestandsblatt besteht aus zwei Unterabschnitten, dem A1- und dem A2-Blatt.

Im A1-Blatt sind jene **Grundstücke** mit ihren Nummern eingetragen, die dem im B-Blatt eingetragenen Eigentümer gehören. Neben der Grundstücksnummer werden weitere Daten des Katasters zum Grundstück (Fläche, Benützungsart, Grundstücksadresse) wiedergegeben.

Aus dem A2-Blatt ist ersichtlich, welche **Rechte** mit den eingetragenen Grundstücken verbunden sind (zB das Recht des Zugangs zum Grundstück über ein Nachbargrundstück). Öffentlich-rechtliche Beschränkungen können ersichtlich gemacht werden. Auch Veränderungen des Grundbuchskörpers durch Zu- oder Abschreibungen von Grundstücken oder Grundstücksteilen werden hier eingetragen.

Muster A-Blatt

```
********************************** A1 ******************************
GST-NR   G   BA (NUTZUNG)       FLÄCHE   GST-ADRESSE
765/11       Landw. genutzt       1425
.15      G   Baufl.(Gebäude)  *    310   Lessingg. 12
              GESAMTFLÄCHE        1735
********************************** A2 ****************************
2 a 651/1997    Grunddienstbarkeit Gehen und Fahren an Gst. 765/3
3 a 423/2001 Sicherheitszone Gendameriefluglplatz Meidling
      hins Gst .15
```

Hinweis

Die Eintragungen im A2-, B- und C-Blatt werden nach Nummern (LNR) und innerhalb der Nummern nach Kleinbuchstaben geordnet.

c Eigentumsblatt (B-Blatt)

Im Eigentumsblatt sind die **Eigentümer** ersichtlich, ebenso die Anteile (ausgedrückt in Bruchzahlen) bei Miteigentum. Die Urkunde, die die Grundlage für den Eigentumserwerb war, wird angeführt. Sie wird in der Urkundensammlung aufbewahrt und ist über die Tagebuchzahl auffindbar.

Unterliegt der Eigentümer in der Vermögensverwaltung Beschränkungen (zB Minderjährigkeit, Sachwalterschaft, Veräußerungsverbot, Konkurs etc), so ist das ebenfalls im B-Blatt ersichtlich.

Muster B-Blatt

```
*********************************** B *****************************
3 ANTEIL: 1/1
  Dvorak Peter
  GEB: 1950-09-08 ADR: Glockeng. 18  1020
  a 379/2001 Einantwortungsurkunde 2000-05-29, Eigentumsrecht
```

d Lastenblatt (C-Blatt)

Es enthält die mit dem Eigentum an der Liegenschaft verbundenen **Belastungen** (zB Pfandrechte, Dienstbarkeiten [Servituten], Reallasten, Veräußerungs- und Belastungsverbote, Bestands-, Vor- und Wiederkaufsrechte).

Muster C-Blatt

```
*********************************** C *****************************
2 a 135/1991 Schuldschein 1991-04-16
  PFANDRECHT                                                1.650.300,--
  für Wohnhaus-Wiederaufbaufonds
4 auf Anteil B-LNR 3
  a 578/2009 Schuldschein und Pfandurkunde 2008-09-29
  PFANDRECHT                                                  270.500,--
  6,7 % Z, 7,7 % VZ, 7,7 % ZZ, NGS 57.000 für
  Allgemeine Bausparkasse
```

Belastungen können sich auf die gesamte Liegenschaft oder auf bestimmte Eigentumsanteile erstrecken. In letzterem Fall wird durch den Vermerk „auf Anteil B-LNR...“ darauf hingewiesen. Bei Dienstbarkeiten sind die jeweils berechtigten Grundstücke in anderen Einlagen oder der Berechtigte eingetragen.

Hinweis

Die im Grundbuch eingetragene Höhe eines Pfandrechts sagt nichts über die Höhe der aktuell noch aushaftenden Verbindlichkeiten aus. Wenn ein Pfandrecht eingetragen ist, kann die Schuld schon teilweise oder ganz getilgt sein; es kann aber auch die aktuelle Schuld das eingetragene Pfandrecht übersteigen (zB bei längerem Zahlungsverzug).
Ein Pfandrecht, das an erster Stelle eingetragen ist, ist für den Gläubiger besser abgesichert als eines an zweiter oder weiterer Stelle (**Prioritätsgrundsatz**).

e Schlusszeilen

Jeder Grundbuchsauszug endet mit einem **HINWEIS**, wonach Eintragungen ohne Währungsbezeichnung Beträge in ATS sind, und dem **Sicherheitscode**, anhand dessen geprüft werden kann, ob eine Abschrift aus der Grundstücksdatenbank stammt. Ohne Sicherheitscode liegt kein Dokument vor. Der Sicherheitscode besteht aus Datum, Uhrzeit und Unterscheidungsschlüssel.

Muster Schlusszeilen

```
****************************** HINWEIS ****************************
      Eintragungen ohne Währungsbezeichnung sind Beträge in ATS
*********************2004-03-26 10:10,182 1D***********ZEILEN: 29
```

2 Verzeichnis der gelöschten Eintragungen

In dieses Verzeichnis werden die von der Löschung betroffenen Eintragungen des Hauptbuchs übertragen. So ist jede von der Löschung betroffene Eintragung nachvollziehbar.

Gelöschte Eintragungen aus der Zeit vor der Umstellung des Grundbuches sind aus den weiterhin bei den Grundbuchsgerichten aufbewahrten analogen Grundbuchsbänden ersichtlich.

Hinweis

Im früheren handgeschriebenen Grundbuch in Papierform wurden gelöschte Eintragungen rot unterstrichen.

3 Urkundensammlung

Grundbuchseintragungen können nur auf Grund von Urkunden erfolgen. Die Urkunden, welche die Grundlage für die Eintragungen bilden, werden in der Urkundensammlung aufbewahrt.

Diese Urkunden (zB der Kaufvertrag beim Erwerb des Grundeigentums durch Kauf) wurden bis zur elektronischen Umstellung in der Reihenfolge ihrer Tagebuchzahl (TZ = Aktenzahl des Grundbuchs) jahrgangsweise geordnet, zu Bänden gebunden und beim Bezirksgericht verwahrt. Solche Urkunden können nur bei diesem Bezirksgericht eingesehen werden.

Die Urkundensammlung wurde schrittweise seit 2005 auf ein **elektronisches Urkundenarchiv** umgestellt. Mittlerweile werden alle zu neuen Eintragungen gehörenden Urkunden elektronisch gespeichert und können wie das Hauptbuch online abgefragt werden. Bestimmte Urkunden (zB großformatige Pläne) werden nicht eingescannt und nur Verweisungsblätter online abgelegt.

Nicht gespeicherte Urkunden können nach wie vor nur bei dem Gericht eingesehen werden, bei dem sie in die Urkundensammlung aufgenommen worden sind.

4 Hilfsverzeichnisse

Die sog Hilfsverzeichnisse stellen Abfragemöglichkeiten aus der Grundstücksdatenbank dar, um über einen Suchbegriff (Katastralgemeinde plus Einlagezahl; Katastralgemeinde plus Grundstücksnummer; Ortsgemeinde plus Grundstücksadresse) die gesuchte Liegenschaft zu finden.

Die Personenabfrage ist aus Datenschutzgründen nur bei rechtlichem Interesse zulässig.

B Grundbuchseintragung

Es gibt vier Arten von Eintragungen:

- Einverleibung
- Vormerkung
- Anmerkung
- Ersichtlichmachung

1 Tagebuchzahl

Die Tagebuchzahl ist die Geschäftszahl des Grundbuchsgerichts, unter der die Eintragung vorgenommen wurde. Das Gericht versieht einlangende Anträge mit einem **Einlaufstempel**, der Datum und Uhrzeit enthält. Die Anträge werden im Tagebuch eingetragen und mit der Tagebuchzahl versehen.

Die Tagebuchzahl ist in der Aufschrift der Einlage und am Beginn jeder Eintragung im A2-, B- und C-Blatt ersichtlich. Mit dieser Zahl ist es möglich, die zugehörige Urkunde (zB Kaufvertrag, Darlehensvertrag) in der Urkundensammlung aufzufinden.

Muster Tagebuch

```
GRUNDBUCHSSTÜCKE   2009-11-16
                   BEZIRKSGERICHT Donaustadt
                   höchste TZ 3045 *****************************
                   TZ 3040/2009-11-16
                   Einschreiter: Bauer
                   GB 01657 Leopoldstadt
                   EZ 265 Abschreibung
                    ****************** ENDE ********************
```

Muster Tagebuchzahl

```
3 ANTEIL: 1/1
  Bauer Peter
  GEB: 1950-09-08 ADR: Glockeng. 18  1020
  a 379/2009 Kaufvertrag 2009-01-28, Eigentumsrecht
```

Die Angabe „379/2009 Kaufvertrag 2009-01-28 Eigentumsrecht" im Eigentumsblatt bedeutet, dass der Kaufvertrag vom 28. Jänner 2009, mit welchem dem jetzigen Eigentümer das Eigentumsrecht eingeräumt wurde, in der Urkundensammlung das Jahres 2009 unter der Zahl 379 abgelegt wurde und eingesehen werden kann.

2 Einverleibung

Die Einverleibung dient dem **unbedingten Rechtserwerb** bzw Rechtsverlust, dh ein bestimmtes Recht geht ohne weitere Bedingungen auf eine Person über. Einverleibt wird zB das Eigentumsrecht, das Pfandrecht, eine Dienstbarkeit, aber auch die Löschung eines Pfandrechts oder einer Dienstbarkeit.

3 Vormerkung

Die Vormerkung führt zum **bedingten Rechtserwerb** oder Rechtsverlust, dh diese Eintragung bewirkt nur nach Erfüllung bestimmter Bedingungen die Erwerbung, Übertragung, Beschränkung oder das Erlöschen bücherlicher Rechte. Die Vormerkung erfolgt, wenn zB die zur Eintragung erforderlichen Urkunden fehlen oder noch nicht allen Erfordernissen entsprechen.

Durch die Vormerkung behält der Antragsteller seinen **Rang** und verhindert dadurch, dass bis zur Einverleibung andere Personen Rechte an der Liegenschaft erwerben, die seinem Rechtserwerb entgegenstehen. Mit der Erfüllung der Bedingungen bekommt die Vormerkung die Wirkung einer Einverleibung.

4 Anmerkung

Die Anmerkung dient der Ersichtlichmachung gewisser Umstände, zB Streitanmerkung, Anmerkung der Zwangsversteigerung, Anmerkung der Minderjährigkeit.

a Anmerkung der Rangordnung

Die Anmerkung der Rangordnung dient der Sicherung des bücherlichen Ranges für eine beabsichtigte Veräußerung oder Verpfändung während der Dauer eines Jahres ab dem Tag der Bewilligung des Antrags. Das Gericht stellt einen **Rangordnungsbeschluss** in einfacher Ausfertigung aus. Wer diesen in Händen hat, ist gegen Verfügungen des Eigentümers abgesichert, sofern er innerhalb der Jahresfrist sein Recht eintragen lässt.

5 Ersichtlichmachung

Die Ersichtlichmachungen dienen dem Hinweis auf rechtserhebliche Umstände, zB Berechtigungen aus Grunddienstbarkeiten, öffentlich-rechtliche Beschränkungen [zB Gefahrenzonen].

Hinweis

Die Bezeichnungen Ersichtlichmachung, Anmerkung und Einverleibung kommen im EDV-Grundbuch nicht mehr vor, diese Eintragungsarten sind nur für die Antragsstellung relevant.

C Grundbuchseinsicht

Das Grundbuch ist **öffentlich**, dh, dass jeder in das Grundbuch Einsicht nehmen und sich Auszüge (auch von fremden Grundstücken) erstellen lassen kann. Der Nachweis eines besonderen rechtlichen Interesses (wie zB in Deutschland) ist nicht erforderlich.

Eine Abschrift oder ein Ausdruck, der eine bestimmte Liegenschaft betrifft, wird als Grundbuchsauszug bezeichnet.

Muster Grundbuchsauszug

```
GRUNDBUCH 01657 Leopoldstadt                       EINLAGEZAHL 12
BEZIRKSGERICHT Donaustadt
******************************************ABFRAGEDATUM 2011-07-01
Letzte TZ 379/2001
********************************* A1 ****************************
GST-NR   G  BA (NUTZUNG)     FLÄCHE   GST-ADRESSE
765/11      Landw. genutzt     1425
.15      G  Baufl.(Gebäude)  *  310   Lessingg. 12
             GESAMTFLÄCHE      1735
********************************** A2 ***************************
2 a 651/1997
  Grunddienstbarkeit Gehen und Fahren an Gst. 765/3
********************************** B ****************************
3 ANTEIL: 1/1
  Bauer Peter
  GEB: 1950-09-08 ADR: Glockeng. 18  1020
  a 379/2001 Einantwortungsurkunde 2000-05-29, Eigentumsrecht
********************************** C ****************************
2 a 135/1981 Schuldschein 1981-04-16
  PFANDRECHT                                          270.500,--
  6,7 % Z, 7,7 % VZ, 7,7 % ZZ, NGS 57.000 für
  Allgemeine Bausparkasse
***************************** HINWEIS ***************************
     Eintragungen ohne Währungsbezeichnung sind Beträge in ATS
*********************2001-03-23 10:10,33552 BJ*********ZEILEN: 25
```

Abkürzungen

EZ	Einlagezahl
TZ	Tagebuchzahl
A1, A2	Gutsbestandsblatt
GST-NR	Grundstücksnummer
G	Grundstück im Grenzkataster
BA	Benützungsart
GST-ADRESSE	Grundstücksadresse
B	Eigentumsblatt
GEB	Geburtsdatum (des Eigentümers)
ADR	Adresse des Eigentümers
C	Lastenblatt
Z, VZ, ZZ	Zinsen, Verzugszinsen, Zinseszinsen
NGS	Nebengebührensicherstellung

1 Besondere Abschrift

Grundbuchsabschriften mit vielen Miteigentümern, etwa bei großen Wohnungseigentumsanlagen, können unübersichtlich sein. Es ist möglich, nur nach bestimmten Anteilen abzufragen und damit eine in der Regel kurze Grundbuchsabschrift über eine bestimmte Wohnung zu erhalten. Auf eine Beschränkung der Wiedergabe wird im Kopf („besondere Abschrift“) hingewiesen.

Muster besondere Abschrift

```
GRUNDBUCH 01657 Leopoldstadt                        EINLAGEZAHL 41
BEZIRKSGERICHT Donaustadt
besondere Abschrift *********************ABFRAGEDATUM 2011-07-01
Letzte TZ 379/2001
Wohnungseigentum
******************************** A1 ******************************
GST-NR   G  BA (NUTZUNG)       FLÄCHE   GST-ADRESSE
.165     G  Baufl.(Gebäude)  *   310    Fleischg. 12
             GESAMTFLÄCHE         310
********************************* A2 *****************************
2 a 651/1997
  Denkmaleigenschaft hins. Gst. .165
***************************** B - LNR 8 **************************
8 ANTEIL: 12/196
  Bauer Juliane
  GEB: 1950-09-08 ADR: Fleischg. 12  1020
  a 379/2001 Wohnungseigentum an W 5
  b 5342/2005 Kaufvertrag 2005-05-29, Eigentumsrecht
************************ C ZU B - LNR 8 *************************
12 auf Anteil B-LNR 8
  a 5412/205 Schuldschein 205-08-16
  PFANDRECHT                                           270.500,--
  6,7 % Z, 7,7 % VZ, 7,7 % ZZ, NGS 57.000 für
  Allgemeine Bausparkasse
```

2 Einsichtnahme und Abfrage bei Gericht

Die Einsicht in das Hauptbuch sowie in das Verzeichnis der gelöschten Eintragungen erfolgt bei jedem Bezirksgericht (ohne örtliche Beschränkung) durch Ausdruck der gewünschten Daten aus der Grundstücksdatenbank (Grundbuchsabschrift).

Neuere Urkunden können aus der elektronischen Urkundensammlung abgerufen werden; die Einsichtnahme erfolgt wie die Einsicht in das Hauptbuch. Noch nicht gespeicherte Urkunden können nur bei jenem Gericht eingesehen werden, bei dem sie in die Urkundensammlung aufgenommen worden sind.

3 Abfrage im Vermessungsamt

Die gemeinsame Speicherung der Daten des Grundbuches und des Katasters in der Grundstücksdatenbank ermöglicht es, Personen, die Informationen sowohl aus dem Grundbuch als auch aus dem Kataster benötigen, den Weg zu einer zweiten Behörde zu ersparen.

Grundbuchsabschriften können ohne örtliche Beschränkung auch bei den Vermessungsämtern angefertigt werden.

4 Einsichtnahme bei Notaren, Rechtsanwälten und Ingenieurkonsulenten für Vermessungswesen

Die Einsicht in das Grundbuch und Grundbuchsabschriften sind auch bei Notaren, Rechtsanwälten und Ingenieurkonsulenten für Vermessungswesen möglich.

5 Grundbuchsabfrage über das Internet

Die Grundbuchsabfrage ist auch über das Internet bei **Verrechnungsstellen** möglich (siehe www.bmj.gv.at > Grundbuch > Zugang und Verrechnung).

Für diese Abfragen ist zusätzlich zur Abfragegebühr ein Zuschlag zu entrichten, der die Kosten der Verrechnungsstelle deckt.

D Änderungen an Liegenschaften

Das Liegenschaftsteilungsgesetz regelt die Grundsätze der Grundstücksteilung und der Ab- und Zuschreibung von Bestandteilen eines Grundbuchskörpers. Das Gesetz unterscheidet nicht zwischen Ab- und Zuschreibungen ganzer Grundstücke und jener von Teilflächen, die auf Grund einer Grundstücksteilung erfolgen. Jede Grundstücksteilung setzt einen Teilungsplan voraus (siehe ⇨ Teilung von Grundstücken).

1 Ab- und Zuschreibung

Die Abschreibung dient der Änderung des Umfangs eines Grundbuchskörpers: Ein Grundstück soll abgeschrieben oder verkleinert werden. Es können entweder ganze Grundstücke oder Teilflächen eines Grundstücks abgeschrieben werden.

Die Abschreibung eines Teils eines Grundbuchskörpers muss immer mit einer Zuschreibung verbunden sein. Der abgeschriebene Bestandteil des Grundbuchskörpers (Trennstück) kann einem anderen Grundbuchskörper zugeschrieben oder aus ihm eine neue Einlage gebildet werden. Die Abschreibung eines Teils eines Grundstücks erfordert einen **Teilungsplan**; ein solcher ist nicht erforderlich, wenn ein ganzes Grundstück von einem Grundbuchskörper abgeschrieben werden soll.

Durch Ab- oder Zuschreibung ändert sich demnach der Umfang eines Grundbuchskörpers.

Hinweis
Einzelne Bauordnungen (zB Wien, Oberösterreich) binden auch die Ab- und Zuschreibung ganzer Grundstücke an Anzeige- bzw Genehmigungsverfahren bei der Verwaltungsbehörde.

a Flächenänderung

Bei einem laufenden Verfahren zur Teilung eines Grundstücks wird durch einen besonderen Vermerk auf die bevorstehende Veränderung des Flächenausmaßes hingewiesen. Nähere Informationen müssen beim Vermessungsamt eingeholt werden.

Muster Flächenänderung

```
********************************** A1 *****************************
GST-NR   G   BA (NUTZUNG)         FLÄCHE  GST-ADRESSE
765/11       Landw. genutzt       (1425) Änderung der Fläche in
                                          Vorbereitung
.15      G   Baufl.(Gebäude)  *      310  Lessingg. 12
              GESAMTFLÄCHE          (1735) Änderung der Fläche in
                                          Vorbereitung
```

b Abschreibung

Die Abschreibung kann entweder **lastenfrei**, dh ohne Übertragung der dinglichen Rechte, die für bestimmte Personen (Buchberechtigte) an dem Grundbuchskörper eingetragen sind, oder unter Mitübertragung der Lasten erfolgen.

ba Mitübertragung der Lasten

Ohne Zustimmung der Buchberechtigten kann die Abschreibung nur dann vorgenommen werden, wenn die dinglichen Rechte mit dem Trennstück in die neue Einlage mitübertragen werden. Durch die Zuschreibung erlangen alle Eintragungen, die sich auf den Grundbuchskörper beziehen, auch für das zugeschriebene Trennstück Wirksamkeit.

Bei Grunddienstbarkeiten, die auf **räumliche Grenzen** beschränkt sind, entfällt deren Mitübertragung, wenn sich diese nicht auf das abzuschreibende Trennstück beziehen.

Grundsätzlich sind demnach alle Lasten bei einer Abschreibung mitzuübertragen, sofern nicht eine lastenfreie Abschreibung beantragt wurde und die erforderlichen Freilassungserklärungen vorgelegt wurden.

bb Lastenfreie Abschreibung

Darunter ist die Abschreibung von einer unbelasteten Liegenschaft bzw unter Lastenfreistellung zu verstehen.

Für die lastenfreie Abschreibung einzelner Bestandteile eines Grundbuchskörpers ist die Zustimmung all jener Personen notwendig, für die dingliche Rechte bücherlich eingetragen sind.

2 Grundbücherliche Sonderverfahren

Das Liegenschaftsteilungsgesetz bietet mehrere Möglichkeiten, Änderungen an Grundstücken nach vereinfachten Verfahrensbestimmungen grundbücherlich durchzuführen. Die §§ 4 ff regeln ein Aufforderungsverfahren an die Buchberechtigten, die §§ 13 und 14 befassen sich mit der Abschreibung geringwertiger Trennstücke, die §§ 15 bis 22 enthalten Sonderbestimmungen für die Verbücherung von Straßen-, Weg-, Eisenbahn- und Wasserbauanlagen.

a Aufforderungsverfahren (§§ 4 ff LiegTeilG)

Sollen Teile von einem Grundbuchskörper lastenfrei abgeschrieben werden und ist die Zustimmung der Buchberechtigten nicht oder schwierig zu erlagen, kann der Eigentümer ein Aufforderungsverfahren einleiten. Die Buchberechtigten werden vom Gericht aufgefordert, gegen die lastenfreie Abschreibung binnen 30 Tagen Einspruch zu erheben. Erhebt der Aufgeforderte binnen der Frist keinen Einspruch, so verliert er sein Recht.

Der Antrag ist im Grundbuch anzumerken, sodass spätere Eintragungen die Abschreibung nicht mehr hindern. Ein auf Grund der Aufforderung erfolgter Einspruch des Buchberechtigten hemmt die beabsichtigte lastenfreie Abschreibung und setzt das Normalverfahren (Abschreibung unter Mitübertragung der Lasten) in Gang, es sei denn, der Einspruch wird für unwirksam erklärt, weil keine Gefährdung der Sicherheit der eingetragenen Forderungen besteht.

b Geringwertige Trennstücke (§§ 13 f LiegTeilG)

Die Abschreibung geringwertiger Trennstücke kann unter gewissen Voraussetzungen durch die Vermessungsbehörde bei Gericht veranlasst werden. Die Voraussetzungen bestehen einerseits darin, dass der Antrag auf bücherliche Durchführung und der Titel des Eigentumserwerbs beurkundet werden und anderseits, dass die gesetzlich festgelegten **Wertgrenzen** und gegebenenfalls die Flächeninhalte der abzuschreibenden Trennstücke nicht überschritten werden.

Diese Bestimmung erleichtert die lastenfreie Abschreibung geringwertiger Trennstücke, deren grundbücherliche Durchführung sonst in vielen Fällen unterbleiben würde, weil mit der Verbücherung nach den sonst geltenden Bestimmungen ein unverhältnismäßiger Aufwand verbunden wäre. Voraussetzung ist, dass

- der Grundbuchskörper, von dem abgeschrieben wird, unbelastet ist oder
- die Buchberechtigten der lastenfreien Abschreibung zustimmen oder
- Grunddienstbarkeiten mitübertragen werden oder
- trotz Belastungen die lastenfreie Abschreibung den Buchberechtigten auch ohne ihre Zustimmung zumutbar ist, weil sich der Wert der bei dem Grundbuchskörper verbleibenden Grundstücke um nicht mehr als 2000 Euro verringert.

Grunddienstbarkeiten, die mitübertragen werden, und Lasten, hinsichtlich derer die Buchberechtigten der lastenfreien Abstimmung zugestimmt haben, gelten nicht als Belastung.

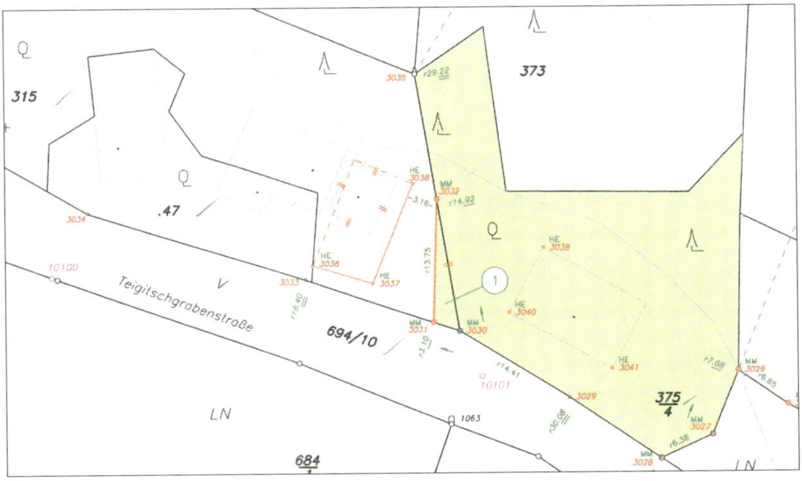

Abb 9.2: geringwertiges Trennstück „1“

Vermessungsamt

BEV
Bundesamt für Eich- und Vermessungswesen

BEV – Vermessungsamt, Körblergasse 25, A-8010 Graz

DVR: 0037630

An das
Bezirksgericht Voitsberg
Grundbuch

Geschäftsfallnummer:	A – 3160/2010
KG-Nummer:	63302
KG-Name:	Arnstein
Datum:	Dienstag, 21. Dezember 2010
Rückfragen:	DI Hermann Dreiseitl

Beurkundung

Beurkundung des Antrages auf Abschreibung geringwertiger Trennstücke gem. § 13 Liegenschaftsteilungsgesetz (LiegTeilG)

Plangrundlage: Plan des Dipl.-Ing. Kerschbaumer vom 27.9.2010, GZ 7233/10.

Gebührenfrei gem. § 35 Z. 2 LiegTeilG

1. Anwesend:

Als Vermessungsbeamter: HR DI Hermann Dreiseitl

Als vertragsschließende Parteien:

A) Gößler Manfred (1975-06-13) und Pansi Nicole Mag. (1979-09-05)

B) Maier Hildegund (1953-04-11) und Unterkofler Michael (1953-07-29)

Die Nämlichkeit der Parteien wird bestätigt.

Etwaige Angaben über Vertretungsbefugnisse: Schriftl. Vollmacht für DI Kerschbaumer

2. Titel des Eigentumserwerbs (bei Kauf auch Kaufpreis): Kauf um € 100,00

3. Nach Angabe der Parteien ist der Grundbuchskörper:

b) von dem die Abschreibung des unter 4. bezeichneten Trennstückes Nr. 1 beantragt wird, mit Grunddienstbarkeiten belastet, deren Ausübung durch die begehrte Abschreibung nicht unmöglich gemacht oder behindert wird.

4. Antrag
Beantragt wird gemäß § 13 LiegTeilG:

Abb 9.3: Beurkundung Seite 1

in Einlagezahl 331, Katastralgemeinde 63302 Arnstein

1) die lastenfreie Abschreibung des Trennstückes Nr. 1 aus Grundstück 315 nach EZ 316 und Einbeziehung in das Grundstück 375/4

5. Unterschrift der Parteien:

A)

Gößler Manfred (1975-06-13) und Pansi Nicole Mag. (1979-09-05)

Dipl.-Ing. Georg KERSCHBAUMER
Staatlich bef. u. beeid. Ingenieurkonsulent für Vermessungswesen
Hauptplatz 29, 8570 VOITSBERG
Tel.: 03142/2...41-0, office@vermessung.at

B)

Maier Hildegund (1953-04-11) und Unterkofler Michael (1953-07-29)

6. Feststellungen der Vermessungsbehörde:

6.1 Abschreibung vom unbelasteten Grundbuchskörper:

EZ ---- Grundbuch -----

Die Wertminderung der bei dem Grundbuchskörper verbleibenden Grundstücke beträgt infolge der Abschreibung jedes einzelnen Trennstücks offenbar nicht mehr als € 2000,-

6.2 Abschreibung vom belasteten Grundbuchskörper:

EZ 331 Grundbuch Arnstein

a) Die Wertgrenze von € 2000 für jedes einzelne Trennstück wird eingehalten.

b) Die Wertminderung der bei dem Grundbuchskörper verbleibenden Grundstücke beträgt infolge der Abschreibung unter Beachtung der Zuschreibung insgesamt offenbar nicht mehr als € 2000,-

c) Die Summe der (des) Flächeninhalte(s) der (des) Trennstücke(s) eines jeden Grundbuchskörpers übersteigt nicht 5% des Flächeninhaltes des Grundbuchkörpers.

6.3 Freilassungserklärung:
Bezüglich der Belastung C-LNR 1 wird beurkundet, dass der Buchberechtigte der lastenfreien Abschreibung zugestimmt hat.

HR DI Hermann Dreiseitl
Für den Leiter des Vermessungsamtes Graz

Abb 9.4: Beurkundung Seite 2

c Verbücherung von Anlagen (§§ 15 ff LiegTeilG)

Die Übertragung von Grundstücken, welche zur Herstellung, Umlegung oder Erweiterung und Erhaltung einer Straßen-, Weg- oder Eisenbahnanlage oder einer Anlage zur Leitung, Benützung, Reinhaltung oder Abwehr eines Gewässers verwendet worden sind, kann von Amts wegen in Form eines grundbücherlichen Bagatellverfahrens erfolgen. Das gleiche vereinfachte Verfahren findet Anwendung für die Auflassung eines Straßenkörpers, Weges oder Eisenbahngrundstücks oder eines frei gewordenen Gewässerbettes sowie auf Grundstücksreste, die durch solche Anlagen von den Stammgrundstücken abgetrennt worden sind.

Voraussetzung für dieses vereinfachte Verfahren der Grundbuchsdurchführung ist die **Bestätigung der Vermessungsbehörde** auf dem Anmeldungsbogen, dass es sich um eine der vorher genannten Anlagen handelt und diese bereits errichtet bzw aufgelassen ist.

Abb 9.5: Wasserbauanlage

Die Sonderbestimmungen sind nur anzuwenden:

- auf Grundstücke, die zur Herstellung, Umlegung oder Erweiterung und Erhaltung bestimmter im Gesetz genannter Anlagen verwendet worden sind;
- auf Grundstücksreste, die durch eine solche Anlage von den Stammgrundstücken abgeschnitten worden sind;
- auf aufgelassene Straßenkörper, Wege oder Eisenbahngrundstücke oder das Bett frei gewordener Gewässer.

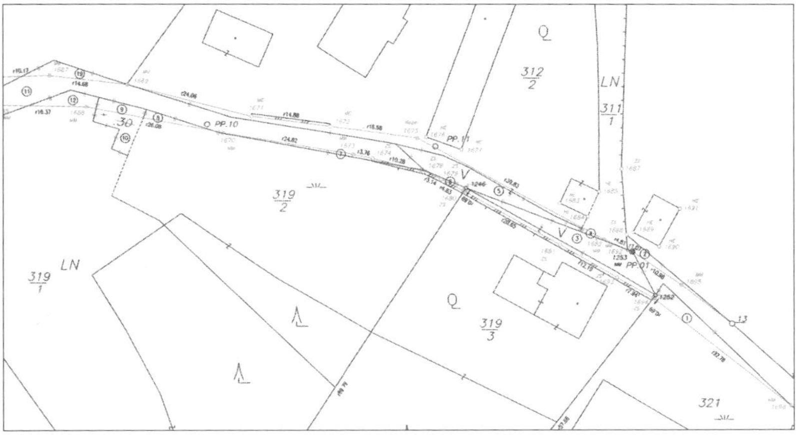

Abb 9.6: Straßenanlage

SEITE : 7

DI Mussack-DI Weixelberger ZT-OEG 8010 Graz, Zwerggasse 13 Tel. 0316/381820	G Z 4607/08	V 4 0 8 Gegenüberstellung für die Verbücherung gem. Par.15 ff. LiegTeilG.	Vermessungsbehörde: Graz	GZ A
			KG Name: Rechberg	GZ P
			KG Nr: 63022	Vhw.

Katasterstand					Tr.		Abfall			Zuwachs			Stand nach der Vermessung								
Gst-Nr	G	BA	Fläche	EMZ	stk	Ber	zu Gst-Nr	zu EZ	Fl.	aus Gst-Nr	aus EZ	Fl.	s.S.	Gst-Nr	G	BA	Ber	Fläche	EMZ	Mbl-Bez	VHW
1	2	3	4	5	6	7	8	9	10	11	12	13	14	15	16	17	18	19	20	21	22
615/2		SB57	12 19											ERLOSCHEN						6924-34/3	
					7	g	319/2	41	11												
					11	g	616/1	50000	5 26												
					13	g	319/1	41	38												
					15	g	319/1	41	6												
					19	g	316	41	29												
					21	g	316	41	6 09												
616/1		SB57	42 84											616/1		SB57	R	68 16		6924-34/4	499/2008
					2	o	340/1	40	19												
					1	g				321	40	54									
					3	o				319/3	92	1 28									

Grundbuchs-einlagezahl: 50000	Name und Anschrift des Eigentümers:	Öffentliches Gut (Straßen und Wege), 1/1 8102 Semriach, Marktgemeinde Semriach

Verzeichnis der Abkürzungen: Spalte 2 und 16: Grundstück im Grenzkataster eingetragen .... G	Spalte 3 und 17: Landwirt. genutzte Grundfl. .. LN Sonstige Benützungsarten ..... SB Gärten .... Gt	Weingärten .. Wgt Wald .... Wld Gewässer .... Ge	Gebäude .... Bf51 Baufl. befestigt .. Bf52 Baufl. begrünt .. Bf53	Spalte 7 und 18: Fläche aus Koordinaten ...o Fläche graphisch ....g Restfläche lt. Kataster ..R	Spalte 14: Eintragung d. Seite, wenn das ganze Grundstück einer anderen Grundbuchseinlage zugeschrieben wird.

Abb 9.7: Gegenüberstellung

Die Vermessungsbehörde beurkundet den **Antrag** auf lastenfreie Ab- und Zuschreibung der angeführten Grundflächen. Wenn der Antragsteller gegenüber der Vermessungsbehörde erklärt, dass bestimmte **Dienstbarkeiten**, die auf diesen Grundstücken lasten, aufrecht bleiben sollen, ist der Antrag auf Mitübertragung dieser Dienstbarkeiten zu beurkunden.

Vermessungsamt

BEV
Bundesamt für Eich- und Vermessungswesen

FL420404

Vermessungsamt, Körblergasse 25, A-8010 Graz

DVR: 0037630

An das
Bezirksgericht Frohnleiten
Grundbuch

Geschäftsfallnummer:	A – 3045/2010
KG-Nummer:	63004
KG-Name:	Frohnleiten
Datum:	19. Juli 2011
Rückfragen:	DI Dreiseitl

GRUNDBUCHSACHE
ANMELDUNGSBOGEN

Antragsteller: Amt der Steiermärkischen Landesregierung FA 18A

Beurkundung des Antrages und der in den folgenden Beschlussentwürfen angeführten Voraussetzungen gem. §§15 und 16 LiegTeilG durch:

Vermessungsamt Graz

HR DI Hermann Dreiseitl
Für den Leiter des Vermessungsamtes Graz

Antrag auf Verbücherung gemäß §§ 15 ff LiegTeilG, A – 3045/2010
betreffend **KG 63004 Frohnleiten**

Beilagen:
- Bescheid (§ 39 VermG) vom 22.7.2009, GZ P 1078/09
- Plan des Dipl.-Ing. Mussack vom 18.12.2008, GZ 4752/08

Vermessungsamt
Graz
Körblergasse 25
A-8010 Graz

Tel.: +43-(0)316-325591-201
Fax: +43-(0)316-325591-302
E-Mail: graz@bev.gv.at
See you: www.bev.gv.at

UID: ATU384 732 00
PSK: 5190.001
BLZ: 60000
IBAN: AT56 6000 0000 0519 0001
BIC: OPSKATWW

BEV - Der starke Partner der österreichischen Wirtschaft und aller Konsumenten

Abb 9.8: Anmeldungsbogen zu § 15 LiegTeilG

X Bestimmungen über Vermessungen und Pläne

A Grundstücksgrenzen

Die Grundstücksgrenze ist eine ununterbrochene Aufeinanderfolge von **Grenzlinien**, die jeweils zwischen zwei **Grenzpunkten** geradlinig oder in Kreisbögen verlaufen. Mathematisch definierte Kurven (zB Parabeln) sind durch bestanschmiegende Kreisbögen anzunähern.

Kennzeichnung der Grenzpunkte

Kennzeichnung ist die örtliche Sichtbarmachung und Sicherung der Grenzen der Grundstücke durch oberirdische Festlegung der Grenzpunkte mit festen und dauerhaften **Grenzzeichen** auf eine gegen Beschädigung und Lageänderung möglichst geschützte Weise. Es bedeutet Abgrenzen des Eigentums in der Ebene der Erdoberfläche und Kenntlichmachen der Grenzen an Ort und Stelle.

Abb 10.1: Grenzstein

Deutliche und dauerhafte Grenzzeichen sind:

- behauene Grenzsteine,
- Metallrohre,
- Kunststoff- oder Metallmarken,
- Grenzbolzen,
- Kreuze oder Lochmarken in Fels oder Mauerwerk.

Die Kennzeichnung kann entfallen, wenn die Grenzpunkte durch andere dauerhafte Zeichen (zB Hausecken, Mauerecken, Bordsteinkanten, Zaunsäulen) ersichtlich sind. Zur besseren Kenntlichmachung können zusätzlich Farbmarken angebracht werden.

Die Kennzeichnung eines Grenzpunktes kann indirekt erfolgen, wenn der Grenzpunkt

- innerhalb einer Verkehrsfläche liegt,
- im Verlauf einer Staatsgrenze liegt,
- nicht zugänglich ist oder
- die örtlichen Verhältnisse eine direkte Kennzeichnung nicht zulassen.

B Anschluss an das Festpunktfeld

Die Vermessung von Grundstücksgrenzen ist an das Festpunktfeld anzuschließen, um die Lage der Grenzpunkte durch Zahlenangaben zu sichern.

Wegen der unvermeidlichen Spannungen im Festpunktfeld sowie der zu erwartenden Abweichungen der Messungen vom Sollwert hat sich die Aufnahme der Grenzpunkte auf Festpunkte der unmittelbaren **Nachbarschaft** zu stützen, wobei sowohl auf die Geländeverhältnisse als auch auf die Grundsätze der Fehlertheorie als auch auf die Fehlerverteilung im Festpunktfeld Rücksicht zu nehmen ist.

Wie der Anschluss zu erfolgen hat und zu dokumentieren ist, ist in der VermV detailliert geregelt.

Beim Einsatz terrestrischer Messmethoden kann die Auswertung mit klassischen Methoden (freie Stationierung, Polygonzug, ...) oder mit Netzausgleich erfolgen.

Durch die Nutzung des **Satellitenpositionierungsystems** APOS kann bei der Verwendung von bereits vorhandenen Koordinaten im System ETRS 89 der Anschluss an das Festpunktfeld wesentlich vereinfacht werden. APOS, das „Austrian Positioning Service“ ist der Echtzeit-Satelliten-Positionierungsdienst des BEV, der 3-D Koordinaten im System ETRS 89 liefert. ETRS 89, das „European Terrestrial Reference System 89“ ist das 3-D Referenzsystem, das für die Festlegung der Koordinaten der APOS Referenzstationen verwendet wird. Die Verfügbarkeit der ETRS 89-Koordinaten wird katastralgemeindeweise im Amtsblatt für das Vermessungswesen bekannt gemacht.

C Umfang der Vermessung

Der Umfang der Vermessung, also wie weit die Vermessung auszugreifen hat, ist über die Entfernung der Grenzpunkte und Flächenanteile geregelt. Alle betroffenen oder neu entstehenden Grundstücke sind zur Gänze zu vermessen; ausgenommen sind

- Grundstücke, bei denen mindestens ein Grenzpunkt von der neu entstehenden Grenze mehr als 150 m entfernt ist,
- Grundstücke, denen Trennstücke zugeschrieben werden und deren Ausgangsfläche sich dadurch um weniger als 50% vergrößert,
- Grundstücke, von denen Trennstücke ohne gleichzeitige Zuschreibungen abgeschrieben werden (Restgrundstücke).

Auf zur Gänze vermessenen Grundstücken sind auch die Gebäude einzumessen.

D Überprüfung vorhandener Grenzzeichen

Bei der Vermessung verwendete Grenzzeichen sind auf ihre unveränderte Lage zu überprüfen. Bei der Überprüfung und Vermessung der Grenzpunkte sind Grenzzeichen bei offensichtlich physisch identer Kennzeichnung hinsichtlich ihrer Lage als unverändert anzusehen, wenn die Differenz, die sich aus den bisherigen und zur Kontrolle bestimmten Sperrmaßen ergibt, nicht größer als 5 cm ist.

Diese **Identitätsschranke** beinhaltet sowohl die eigentlich zulässige Identitätstoleranz wegen Definitionsunsicherheit des Grenzpunktes auf dem Grenzzeichen und eventueller geringfügiger Verschiebungen des Grenzzeichens als auch die nach der Fehlerfortpflanzung zu errechnende Toleranz aus allen Messfehlern aus Erst- und Zweitmessung.

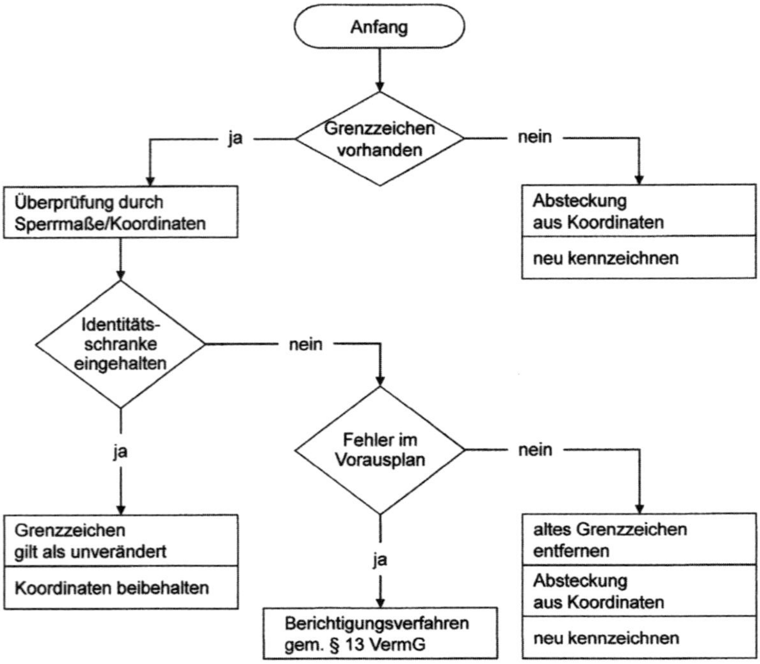

Abb 10.2: Überprüfung der Grenzzeichen

E Vermessung der Grenzpunkte

Die Vermessung der Grenzpunkte ist kontrolliert vorzunehmen, dh durch eine zweite unabhängige Messung oder durch Messung von Sperrmaßen zu kontrollieren.

Als Messmethode kommen die Polaraufnahme, die Schnittmethode, der Bogenschnitt, die Orthogonalmethode, die Luftbildmessung mit numerischer Auswertung und die Satellitenmethode in Frage.

1 Genauigkeit, Messtoleranzen

Messunschärfen können selbst bei größter Genauigkeit und bester Sorgfalt nicht vermieden werden. Damit die aus den Messungen abgeleiteten Größen dennoch für einen bestimmten Zweck verwendet werden können, müssen diese Messunschärfen durch Anwendung entsprechend feiner Messverfahren innerhalb vorgegebener Grenzen gehalten werden.

Von dem verlangten Genauigkeitsgrad ist der Arbeits- und damit Kostenaufwand abhängig, wodurch einer Verfeinerung der Messungen wirtschaftliche Grenzen gesetzt sind. Für eine bestimmte Messung sind daher die Messinstrumente und Beobachtungsverfahren auszuwählen, die mit möglichst geringem Arbeits- und Kostenaufwand jenen Genauigkeitsgrad erreichen, der für die Zwecke der Arbeit hinreichend und erforderlich ist.

Die dem jeweiligen Stand der Wissenschaft und Technik sowie den Erfordernissen der Wirtschaftlichkeit im Hinblick auf Bodenwert und technische Gegebenheiten entsprechenden **Messtoleranzen** sind in der VermV festgelegt.

Die Bestimmung der Messpunkte ist so vorzunehmen, dass eine mittlere Punktlagegenauigkeit der einzelnen Messpunkte von 4 cm unter der Annahme fehlerfreier Festpunkte nicht überschritten wird. Die Bestimmung der Grenzpunkte ist so vorzunehmen, dass bei der Kontrollmessung eine maximale Abweichung von 5 cm nicht überschritten wird.

Die **mittlere Punktlagegenauigkeit** ist ein empirischer Wert, der die Genauigkeit der Lage von Fest-, Mess- und Grenzpunkten definiert. Der Betrag der mittleren Punktlagegenauigkeit wird aus der Berechnung von Neupunkten im vorgegebenen, zum Teil inhomogenen Festpunktfeld abgeleitet.

Die festgelegte Punktlagegenauigkeit stellt einen Maximalwerte dar und setzt sich aus einer Reihe jeweils geringer Unsicherheitsfaktoren zusammen (Lagegenauigkeit der Festpunkte, unscharfe Punktidentifizierung bei Grenzpunkten, Messgenauigkeit).

F Flächenermittlung

Die Flächen der Grundstücke sind grundsätzlich aus den Koordinaten der Grenzpunkte zu berechnen. Liegen für die Grenzpunkte keine Koordinaten vor, werden die Flächen aus Maßzahlen oder in Ausnahmefällen grafisch bestimmt.

Angaben zur Flächenermittlung sind:

- o aus Koordinaten der vermessenen oder übernommenen Grenzpunkte und der gerechneten Schnittpunkte ermittelte Fläche,
- Ro ursprünglich aus Koordinaten oder Maßzahlen gerechnete Grundstücksfläche, die durch Addition oder Subtraktion von Flächen verändert wird,
- R Fläche laut Kataster oder Restfläche,
- g graphisch ermittelte Fläche.

G Planinhalt

Rechtsnorm
§ 8 Abs 1 VermV

§ 8. (1) Pläne über Vermessungen für die im § 34 VermG genannten Zwecke haben die in § 37 VermG angeführten Angaben zu enthalten. Zu diesen Angaben gehören:

1. die Bezeichnung und Nummer der Katastralgemeinde,
2. in der Gegenüberstellung
   a) die Grundstücksnummern inklusive Hinweis „G", wenn das Grundstück bereits im Grenzkataster eingetragen ist,
   b) die Zahlen der Grundbuchseinlagen,
   c) die Flächenausmaße der Grundstücke,
   d) im Falle der Erhebung gemäß § 4 Abs. 3 die Benützungsarten und gegebenenfalls die Nutzungen und deren Flächenausmaße,
   e) die Flächensummen,
   f) bei Teilungen auch die mit Nummern bezeichneten Trennstücke und deren Flächenausmaße,
   g) die Angaben zur Flächenermittlung (§ 7),
   h) die Namen der Eigentümer zum Zeitpunkt der Festlegung des Grenzverlaufes,
3. die zeichnerische Darstellung (§ 9) unter Verwendung des im Anhang zu dieser Verordnung festgelegten Zeichenschlüssels,
4. das Netzbild,
5. die Angabe der Genauigkeit der Messpunkte, wobei im Fall der Anwendung von satellitengestützten Verfahren für den Anschluss an das Festpunktfeld die Restklaffungen unter Angabe des Maßstabsfaktors und des verwendeten Positionierungsdienstes anzuführen sind,
6. das arithmetisch nach Punktnummern geordnete Verzeichnis der in die Vermessung einbezogenen
   a) Festpunkte,
   b) Messpunkte,
   c) Grenzpunkte unter Angabe der vom Vermessungsamt bekannt gegebenen Punktnummern, des Indikators und der vom Planverfasser zugeordneten Klassifizierung, wobei die Klassifizierung beim einzelnen Punkt oder zusammengefasst in Punktgruppen vorgenommen werden kann, und
   d) sonstigen Punkte mit Angabe der Koordinaten im geodätischen Bezugssystem Österreichs,

7. im Falle der Verwendung von Messdaten aus dem Satellitenreferenzsystem gemäß § 1 Z 1 lit. a VermG zusätzlich die ETRS 89-Koordinaten für alle gemessenen Messpunkte gemäß § 3 Abs. 3 und
8. der Hinweis auf angemerkte Geschäftsfälle gemäß § 37 Abs. 1 Z 4 VermG unter Angabe der Geschäftsfallnummer der Vermessungsbehörde.

Sind von einer Grenzvermessung mehrere **Katastralgemeinden** betroffen, so ist je Katastralgemeinde ein Plan vorzulegen. Die Gegenüberstellung darf jeweils nur eine Katastralgemeinde umfassen. Zulässig sind zusätzliche Angaben, die der Übersichtlichkeit von katastralgemeindeübergreifenden Informationen dienen.

Das **Netzbild** ist die maßstäbliche Darstellung der verwendeten Fest- und Messpunkte einschließlich der gemessenen Richtungen und Strecken. Fernziele können im Netzbild unmaßstäblich dargestellt werden.

Grenzpunkte sind mit einem Indikator und einer Klassifizierung zu versehen. Der Indikator stellt einen technischen und/ oder rechtlichen Hinweis zur Wertigkeit des Grenzpunktes dar. Folgende Indikatoren werden unterschieden:

- G Punkt des Grenzkatasters,
- E Punkt an das Festpunktfeld angeschlossen,
- R Punkt des Grenzkatasters im Berichtigungsverfahren gemäß § 13 VermG,
- T technischer Punkt (transformiert),
- V verhandelter und verbindlich festgelegter Grenzpunkt.

Das **Koordinatenverzeichnis** hat eine Klassifizierung der Punkte zu enthalten. Die Klassifizierung dient der eindeutigen Dokumentation von Punkten in den Planurkunden. Folgende Klassifizierungen werden unterschieden:

für Grenzpunkte:

a = geändert,
l = gelöscht,
n = neu,
p = überprüft,
t = transformiert,
u = übernommen;

für sonstige Punkte:

s = sonstige.

1 Maßeinheiten

Die Maßzahlen und die Koordinaten der Punkte sind mit zwei Dezimalstellen in Meter anzugeben, die Bestimmungselemente der Kreisbögen mit drei Dezimalstellen. Die Flächenausmaße sind auf ganze Quadratmeter gerundet anzugeben.

Basiseinheit für Längenangaben ist das **Meter** (Einheitenzeichen: m) als Basiseinheit des internationalen Einheitensystems (SI). Gesetzliche Einheit für die Fläche ist das Quadratmeter (m²) als abgeleitete SI-Einheit. Zusätzlich sind für die Angabe der Fläche von Grundstücken die Einheiten Ar (a) und Hektar (ha) zulässig. Es gilt: 1 ha = 100 a = 10000 m². Winkelmaße werden in Gon (Neugrad) angegeben.

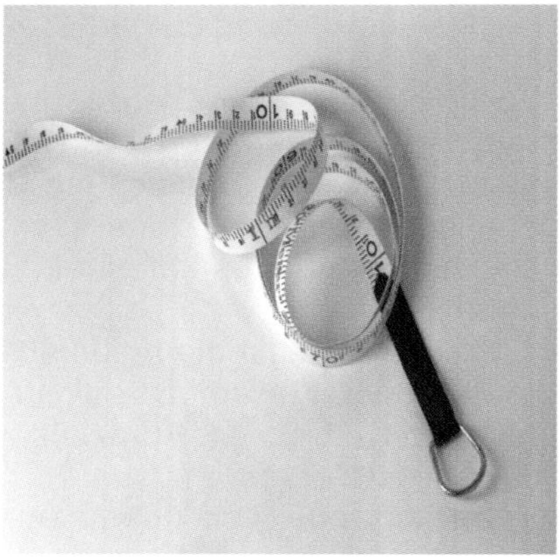

Abb 10.3: Maßeinheit Meter

2 Protokoll über die Festlegung des Grenzverlaufs

Das Protokoll über die Festlegung des Grenzverlaufs hat zumindest zu enthalten:

- Ort und Datum,
- Namen und Adressen der beteiligten Eigentümer und allfälliger Vertreter und sonst beigezogener Personen,
- Behelfe, die vom Planverfasser bei der Grenzfestlegung vorgehalten wurden,
- Darstellung oder Beschreibung des festgelegten Grenzverlaufs,
- Unterschriften der anwesenden Eigentümer oder Vertreter,
- Erklärung des Planverfassers gemäß § 43 Abs 6 VermG über die nicht zu erlangenden Unterschriften und
- Beurkundung des Protokolls.

Bei einer **Mappenberichtigung** hat das Protokoll zusätzlich die Erklärung der Eigentümer über den unveränderten Grenzverlauf zu enthalten.

3 Zeichnerische Darstellung

Abb 10.4: Zeichnerische Darstellung

Rechtsnorm
§ 9 Abs 1 VermV

§ 9. (1) Die von der Vermessung betroffenen Grundstücke sind zeichnerisch im Maßstab 1:200, 1:250, 1:500, 1:1000, 1:2000 oder 1:5000 darzustellen.
Diese Darstellung hat zu enthalten:
1. den Inhalt der Katastralmappe und die dem Stand nach der Vermessung entsprechenden Angaben,
2. die abgehenden Grenzen und die Nummern der angrenzenden Grundstücke,
3. die Maßstabsleiste,
4. die Angabe der Nordrichtung,
5. die Maßzahlen und die gemessenen Sperrmaße,
6. die in die Vermessung einbezogenen Punkte und deren Nummern gemäß § 8 Abs. 1 Z 6,
7. die Bestimmungselemente der Kreisbögen,
8. die Bezeichnung der Trennstücke,
9. die Angaben über die Art der Kennzeichnung der Grenzpunkte (gemäß § 2 Abs. 2) und
10. die Angabe der vom Planverfasser als grenzrelevant beurteilten örtlichen Situation (Naturstand).

Die Angabe der vom Planverfasser als grenzrelevant beurteilten örtlichen Situation enthält neben den Grenzzeichen auch in der Natur an der Grenze vorhandene Zäune oder Mauern. Diese Angaben, die die Grenzdarstellung für die betroffenen Grundeigentümer verständlicher machen und damit auch zur Vermeidung von Zweifelsfällen und Missverständnissen beitragen sollen, dienen damit der Rechtssicherheit.

H Automationsunterstützte Einbringung von Plänen

Bestimmungen über die zulässigen Formate und die technischen Anforderungen für die automationsunterstützte Einbringung von Plänen enthält der 4. Abschnitt der VermV.

Die automationsunterstützte Übermittlung von Anbringen und zugehörigen Urkunden hat ausschließlich durch strukturierte Datenübertragung unter Verwendung des Webformulars, welches auf der Internetseite www.bev.gv.at zur Verfügung gestellt wird, zu erfolgen.

XI Benützung des Katasters

Die Daten des Katasters (Katastralmappe, Grundstücksverzeichnis, Koordinaten, Urkunden des Geschäftsregisters) werden vielfach als Basisinformation benötigt und verwendet.

Der Kataster, der ebenso wie das Grundbuch zu den „**öffentlichen Registern**" gehört, ist nach seiner Zweckbestimmung zur Nutzung durch Außenstehende bestimmt. Die Informationen des Katasters stehen daher jedermann ohne Vorbedingung zur Verfügung.

Die Nutzung kann erfolgen durch

- Einsichtnahme und Auskunftserteilung
- Erteilung von Auszügen
- Weiterverwendung

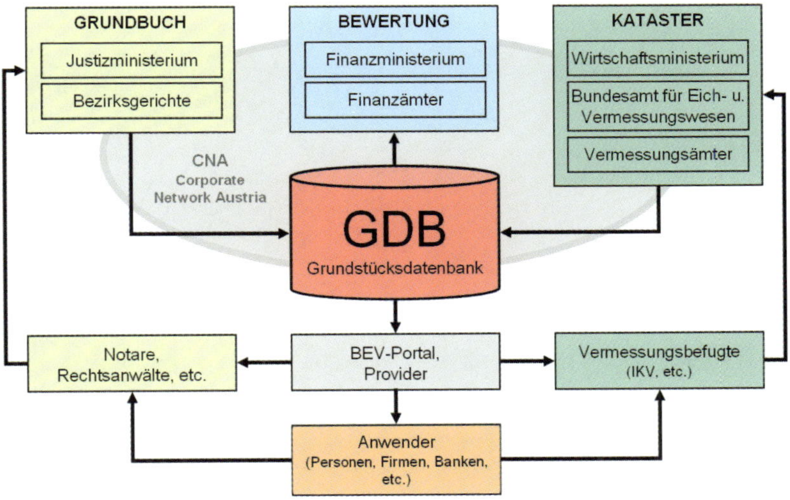

Abb 11.1: Aufbau der Grundstücksdatenbank

Jede Person kann in den Kataster Einsicht nehmen. Wer Einsicht nimmt, kann auch Skizzen anfertigen und sich Notizen machen.

Auskunft aus dem Kataster und seinen Unterlagen wird auf Antrag erteilt. Die Auskunft erfolgt idR durch die Ausfolgung von Auszügen.

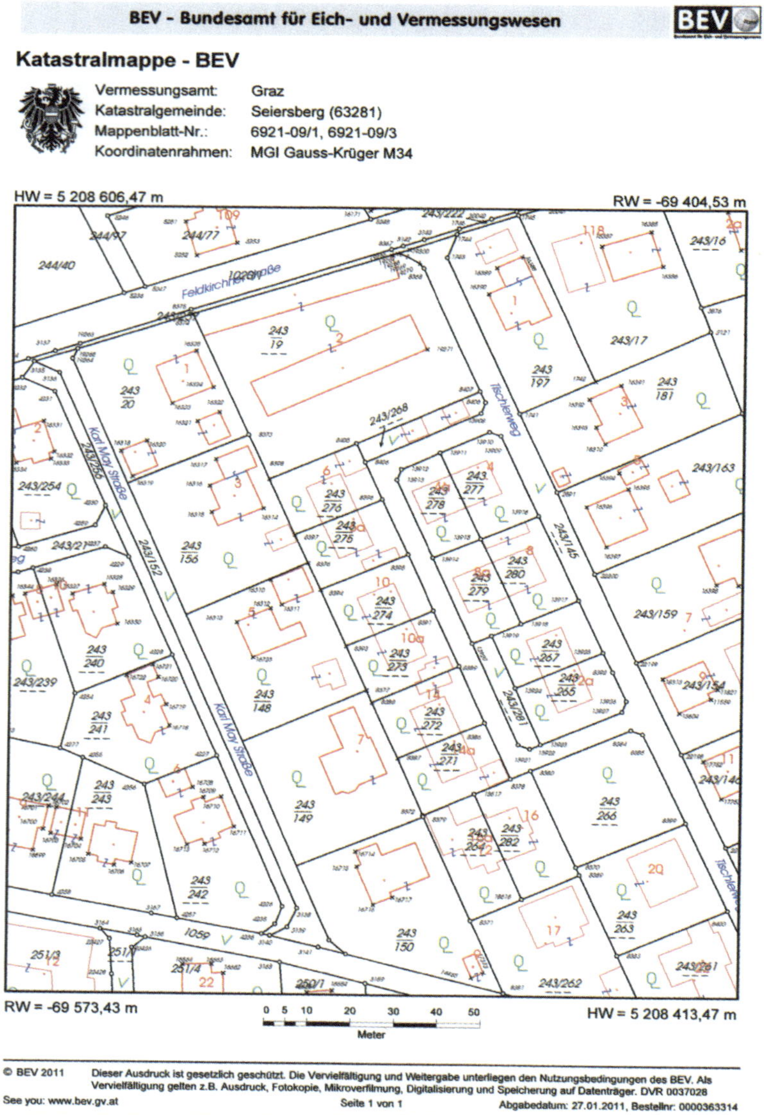

Abb 11.2: Auszug aus der Katastralmappe

BEV - Bundesamt für Eich- und Vermessungswesen

Grundstücksverzeichnis PDF

Vermessungsamt: Villach
Katastralgemeinde: Villach (75454)

Vermessungsamt: Villach

Grundstücksverzeichnis aus der Katastralgemeinde: Villach (75454)
Nummerierung: getrennt

Grundstücks-nummer	G	Benützungsart	Nutzung	Flächen-indikator	Fläche [m²]	Ertrags-messzahl	Grundbuchs-nummer	Einlage-zahl
.125/1				grafisch	3264		75454	2162
		Baufläche	Gebäude	Teilfläche	1167			
		Baufläche	befestigt	Teilfläche	2097			

Veränderungshinweise: 135/1910, 499/2003

Mappenblatt: 4917-56/1

Abb 11.3: Grundstücksverzeichnis

Auskunftspflicht

Öffentliche Stellen sind gesetzlich verpflichtet, über Angelegenheiten ihres Wirkungsbereiches Auskünfte zu erteilen. Diese Verpflichtung zur Auskunftserteilung hat aber Nachrang gegenüber dem Recht auf Einsichtnahme in öffentliche Register.

A Akteneinsicht

Die Öffentlichkeit des Katasters bezieht sich nur auf die Bestandteile des Katasters selbst, nicht jedoch auf dessen Akten. Die Berechtigung zur Einsichtnahme in Akten der Vermessungsbehörde richtet sich nach dem Verwaltungsverfahrensgesetz und steht idR nur Parteien des Verfahrens zu.

B Zuständige Stelle

Die Einsichtnahme, Auskunftserteilung und Abgabe von Auszügen ist beim zuständigen **Vermessungsamt**, hinsichtlich der elektronisch gespeicherten Bestandteile auch bei allen anderen Vermessungsämtern, aber auch bei den Bezirksgerichten, Vermessungsbefugten, Notaren und Rechtsanwälten möglich. Unterlagen des Geschäftsregisters, die noch nicht elektronisch vorliegen, können nur beim zuständigen Vermessungsamt eingesehen werden.

C Automatisierte Einsichtnahme

Auf die automationsunterstützt geführten Teile des Katasters kann über das Internet im Wege des **Portals des BEV** oder von Verrechnungsstellen unmittelbar zugegriffen werden.

Das Webportal des BEV (www.bev.gv.at) stellt den Nutzern als Teil der nationalen Geodateninfrastruktur über moderne Medien Geoinformationen in der notwendigen Qualität und Aktualität zur Verfügung.

Das Geodatenportal (**e-Geodata Austria**) bietet für die unterschiedlichen Anforderungen der Bürger, der Wirtschaft und der öffentlichen Verwaltung umfangreiche anonyme Abfragemöglichkeiten von Standardprodukten im pdf-Format bis hin zur Datenabgabe für Experten. Alle Abfragen sind mit umfassenden Such- und Selektionsmechanismen ausgestattet, die komplexe Verschneidungen zulassen. Entsprechend den gesetzlichen Vorgaben sind die Daten kostenpflichtig.

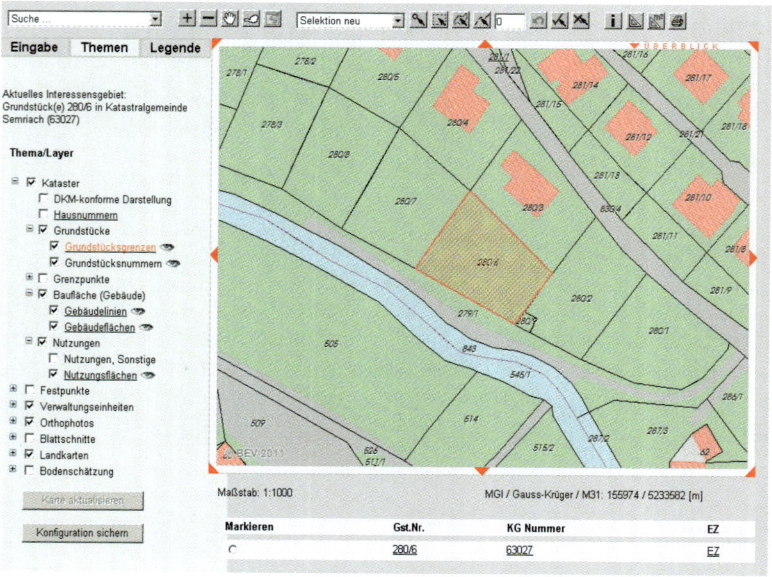

Abb 11.4: e-Geodata Austria

Die **Verrechnungsstellen** stellen als Service-Provider auf eigene Kosten die Verbindung zwischen dem Kataster und den Kunden her, ermitteln die auflaufenden Kosten und stellen diese zusammen mit einem angemessenen Aufschlag dem Kunden in Rechnung.

D Verwendungsvorbehalte

1 Urheberrecht

Das Urheberrecht gibt Rechtsschutz für geistiges Schaffen. **Landkarten** genießen Urheberrechtsschutz, soweit sie eine „eigentümliche geistige Schöpfung“ darstellen.

Die (analoge) **Katastralmappe** als Feststellung der Wirklichkeit und Übertragung auf eine Karte in einem durch Zeichenvorschriften eng begrenzten Gestaltungsspielraum ist urheberrechtlich nicht schutzfähig, da sie nicht als Ergebnis eigentümlicher geistiger Leistung qualifiziert werden kann. Der individuelle Gestaltungsspielraum ist durch den definierten Inhalt, die mathematisch-geodätische Aufgabe und den Zeichenschlüssel eng begrenzt.

Vermessungsdaten und die aus den Vermessungsdaten bestimmbaren Maßzahlen haben als geographische Tatsachen keinen urheberrechtlichen Schutz.

2 Datenbankschutz

Datenbanken, für deren Erstellung eine nach Art und Umfang wesentliche Investition erforderlich war, sind gesetzlich geschützt. Die **Grundstücksdatenbank** als Zusammenstellung verschiedenster Informationen zu Grundstücken, Grundeigentümern und daran anknüpfenden Rechten sowie die **digitale Katastralmappe** als „systematisch und/oder methodisch angeordnete Sammlung“ von Grundstücksdaten sind geschützte Datenbanken.

Der Hersteller einer Datenbank hat das ausschließliche Recht, die Datenbank selbst oder wesentliche Teile hiervon zu vervielfältigen, zu verbreiten oder öffentlich wiederzugeben. Dieses Leistungsschutzrecht, mit dem die Investitionen geschützt werden, gilt für die Grundstücksdatenbank und die digitale Katastralmappe.

Unter Vervielfältigung ist jede Reproduktion zu verstehen, auch wenn sie nur Teile umfasst. Dazu zählen die kopiertechnische Wiedergabe, der Nachdruck, das Digitalisieren und das Speichern auf Datenträgern. Eine Veröffentlichung liegt vor, wenn die Datenbank einem unbestimmten Personenkreis zugänglich gemacht wird.

Unwesentliche Teile einer Datenbank können auch ohne Zustimmung des Herstellers verwendet werden.

E Kosten

Für die Ausstellung der Auszüge aus dem Grundstücksverzeichnis und aus dem technischen Operat sind durch Verordnung festgesetzte **Verwaltungsabgaben** zu entrichten. Diese Abgaben werden vom Vermessungsamt mit Mandatsbescheid vorgeschrieben.

Die übrigen raum- und ortsbezogenen Daten der Landesvermessung (Geobasisdaten) werden als Standardprodukte und im Rahmen von Geobasisdiensten abgegeben. Die dafür zu entrichtenden **Standardentgelte** werden vom BEV festgesetzt und im Amtsblatt für das Vermessungswesen veröffentlicht. Die Höhe der Entgelte differiert nach Art der Verwendung (interne oder externe Nutzung).

Als **Interne Nutzung** gilt:

- Natürliche Personen: privater Gebrauch
- Bundesministerien samt nachgeordneten Dienststellen (Ressort): im Rahmen der Aufgabenbesorgung der Bundesverwaltung
- Landesregierung (Amt der Landesregierung) samt ihren nachgeordneten Dienststellen (Bezirksverwaltungsbehörden): Aufgabenbesorgung im Rahmen der Landesverwaltung und mittelbaren Bundesverwaltung
- Gemeinden: Aufgabenbesorgung im eigenen und übertragenen Wirkungsbereich
- Sonstige juristische Personen des öffentlichen Rechts und Privatrechts, Personengesellschaften und Personengemeinschaften: im Rahmen ihres Unternehmens-, Gesellschafts- bzw Gemeinschaftszwecks

Externe Nutzung ist jede über die interne Nutzung hinausgehende Verwertung der Daten und das zugänglich machen der Daten für die Öffentlichkeit.

Folgende **Nutzungsarten** werden unterschieden:

- Standardnutzung
- WEB-View
- Analoge und digitale Folgeprodukte
- WEB-Services
- LBS-Services

Unter Standardprodukten versteht man die für die Abgabe bereitgehaltenen Geobasisdaten, die auf Grundlage definierter Datenführungsprozesse erstellt werden und die in einem Produktverzeichnis enthalten sind.

F Anwendungsbeispiele

Die Daten des Katasters dienen neben der Sicherung der Grundstücksgrenzen und als Grundlage für die Besteuerung von Grund und Boden der öffentlichen Verwaltung als Basis für zahlreiche Anwendungen und sind damit ein wesentlicher Bestandteil der nationalen und europäischen Geodateninfrastruktur.

1 Bodenschätzung

Um Bewertungsgrundlagen für steuerliche Zwecke (zB Grundsteuer, Grunderwerbsteuer) zu schaffen, werden landwirtschaftliche Flächen einer Bodenschätzung unterzogen. Dabei werden die natürlichen Ertragsbedingungen der Böden (zB Bodenbeschaffenheit, Geländegestaltung, Klima, Wasserverhältnisse) sowie die wirtschaftlichen Ertragsbedingungen (zB Verkehrslage, Betriebsgröße) festgestellt und in Form (vergleichender) Wertzahlen in Schätzungsbüchern, Schätzungskarten und Schätzungsreinkarten (Schätzungskarte mit Katastralmappe) festgehalten.

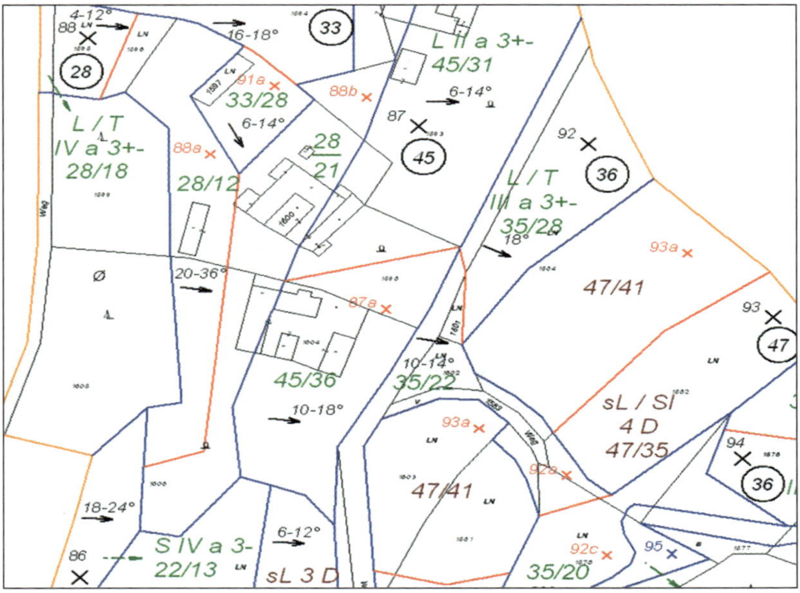

Abb 11.5: Schätzungsreinkarte

Die grundstücksbezogene Auswertung der Schätzungsdaten durch das Vermessungsamt ergibt die **Ertragsmesszahl**, die für jedes landwirtschaftlich genutzte Grundstück im Grundstücksverzeichnis eingetragen ist.

2 Flächenwidmung

Im Flächenwidmungsplan ist generell festgelegt wie ein Grundstück genutzt werden kann (Bauland, Grünland/Freifland, Verkehrsfläche, andere Spezifizierungen). Die Widmung eines Grundstücks ist insbesondere bei der Erteilung einer Baubewilligung wesentlich.

Jede Gemeinde hat in Durchführung der Aufgaben der örtlichen Raumplanung für ihr Gemeindegebiet durch Verordnung einen Flächenwidmungsplan zu erlassen. Als Bauland dürfen nur Grundflächen gewidmet werden, die sich für die entsprechende Bebauung eignen. Ungeeignet als Bauland sind Flächen, die in Gefahrenzonen liegen, Umweltbelastungen ausgesetzt sind oder nur aufwändig infrastrukturell erschlossen werden können.

Abb 11.6: Flächenwidmungsplan

Für das im Flächenwidmungsplan festgelegte Bauland werden Bebauungspläne erstellt.

3 Bebauungsplan

Der Bebauungsplan regelt die Art und Weise der möglichen Bebauung von Grundstücken. Die zulässigen Bauweisen, Bauhöhen und Baulinien sowie Verlauf und Breite der Verkehrsflächen werden festgesetzt.

Er basiert auf dem Flächenwidmungsplan und ergeht als Verordnung der Gemeinde. IdR besteht er aus der Planzeichnung (auf der Grundlage der Katastralmappe) und einem Textteil.

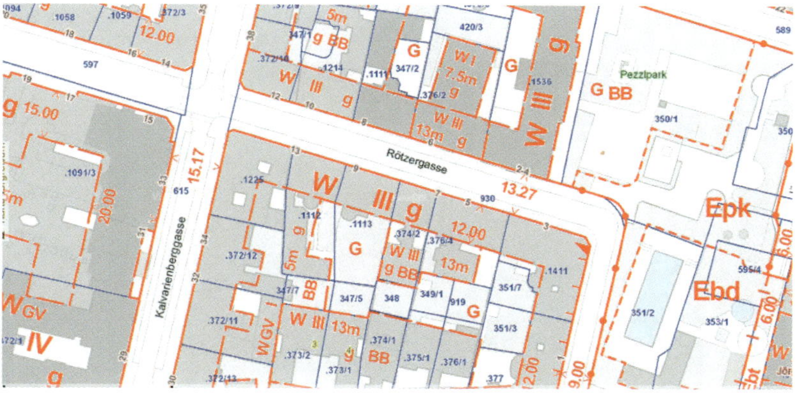

Abb 11.7 Bebauungsplan

4 Berghöfekataster

Der Berghöfekataster ist ein System für die Beurteilung der betriebsindividuellen Erschwernisse bei der Bewirtschaftung landwirtschaftlicher Flächen im Berggebiet und dient seit 2001 als wesentliche Bemessungsgrundlage für die Ausgleichszulage der Bergbauernbetriebe in benachteiligten landwirtschaftlichen Gebieten.

Die Beurteilung der Bewirtschaftungserschwernisse erfolgt auf Grund verschiedener Indikatoren, wobei die Bewertung der **Hangneigung** – ermittelt durch Verschneiden des Geländemodells mit der Katastralmappe – einen dominierenden Einfluss hat.

5 Hofkarte

Die Hofkarte ist eine betriebsbezogene Abbildung von Feldstücken unter Zugrundelegung eines Orthofotos und der Grundstücksdaten (zB Grundstücksnummern, Nutzungssymbole). Sie soll den Landwirten einen Überblick über die von ihnen bewirtschafteten Flächen geben und sie bei der Antragstellung für **Förderungen** (Direktzahlungen im Rahmen der Gemeinsamen Agrarpolitik und der Entwicklung des ländlichen Raumes) unterstützen.

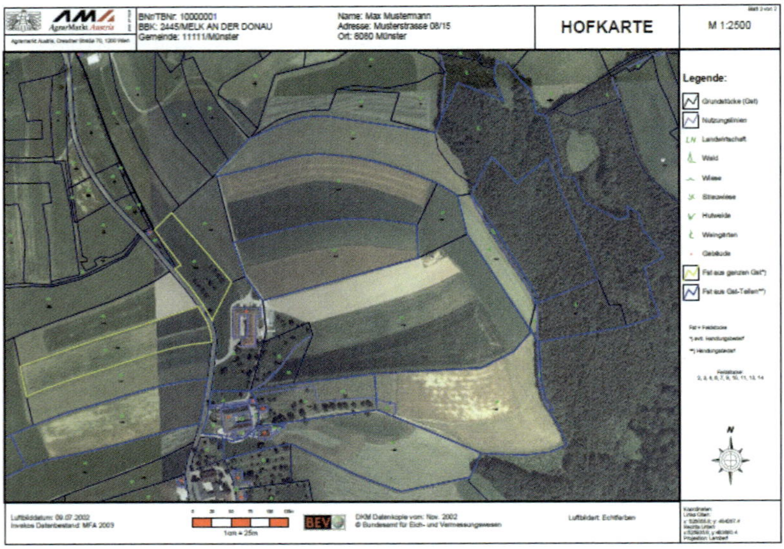

Abb 11.8: INVEKOS- Hofmappe

Literaturverzeichnis

Allmer, Der stabile Kataster in der Steiermark, in: Mitteilungen des steiermärkischen Landesarchivs 1976/26

Angst, Der Leitfaden zur Grenzverhandlung, 2001

Bengel/Simmerding, Grundbuch, Grundstück, Grenze[5], 2000

BEV, 150 Jahre Österreichischer Grundkataster, 1967

BEV, 75 Jahre BEV, 1998

BEV, Die amtliche Kartographie Österreichs, 1970

BEV, Die Entwicklung der amtlichen Kartographie Österreichs seit 1764, Wien oJ (1974)

Dale/McLaughlin, Land Administration, 1999

Dolezal, Das Bundesvermessungsamt, ÖZfVerm 1921/1, 1

Ernst ua, The Cadastral System in Austria, in: Cadastral Information System - a Resource for the EU policy, PCC 2008

Ernst ua, "Cadastre iNSPIREd!" - The benefits of Cadastral Information for themes in INSPIRE Annexes II and III – Final report , PCC 2011

Feucht, Flächenangaben im österr Kataster (Diplomarbeit), 2008

FIG, The Bathurst Declaration on Land Administration for Sustainable Development (1999);

FIG, The FIG Statement on the Cadastre, Publikationsreihe der FIG Nr. 11 (1995), deutsche Übersetzung in Zeitschrift für Vermessungswesen 1996, 32;

Fuhrmann, Digitale historische Geobasisdaten im BEV, VGI 2007/1, 24

Heine/Mansberger/Ernst, Landadministration und Dateninfrastruktur: Nationale Problemstellungen und europäische Entwicklungen, in: 12. Internationale Geodätische Woche Obergurgl 2003, 16

Hochwartner, Der Kataster am Weg von der nationalen Steuergrundlage zum Werkzeug europäischer Bodenpolitik, 6. Symposium zur Vermessungsgeschichte, 1996

Hoffmann, Automatisierte Katasterführung in Österreich und der Schweiz, in: *Kummer/Frankenberger (Hrsg),* Das deutsche Vermessungs- und Geoinformationswesen 2012

Hofstätter, Beiträge zur Geschichte der Österr Landesaufnahme, 1989

Höllrigl, Kataster und Automation, in: Festschrift 150 Jahre österr Grundkataster 1967

Hrbek, Die Entstehung der österr Grundstücksdatenbank, ÖZVerm 1979/3

Kamenik, Die Katastralvermessung des Burgenlandes, 1968

Kaufmann/Steudler, Cadastre 2014, 1998

Kloiber, 100 Jahre Evidenzhaltung des Grundkatasters, in *Kloiber/ Schwarzinger,* 100 Jahre Führung des Katasters, 1983

Kodek (Hrsg), Kommentar zum Grundbuchsrecht, 2007

Kretschmer, Die Entwicklung der österreichischen Katastralmappen und ihre Bedeutung für die Geographie; in: Mitteilungen der Österreichischen Geographischen Gesellschaft 116/I-II (1974), 206-218

Kriegel/Herzfeld, Katasterkunde in Einzeldarstellungen Loseblattsammlung (Grundwerk 1980)

Kugler, Grundzüge des österreichischen Katasters, in *Rechberger (Hrsg),* Wiener Konferenz über ein modernes Grundbuch, 1998

Lego, Geschichte des österreichischen Grundkatasters, 1967

Messner, Der österreichische Grundsteuerkataster, in: Topographie von Alt-Wien, 1975

Messner, Die amtliche Kartographie Österreichs bis zum Jahre 1918, 1970

Muggenhuber/Twaroch, Ökonomische Aspekte des Liegenschaftsmarktes, in *Rechberger (Hrsg),* Wiener Konferenz über Grundbuch und Kataster II. Session, 1999

Nagy, Rechtsvorschriften für das österreichische Vermessungswesen, ÖZfV, Sonderveröffentlichung 19, 1957

Nagy, Vom Steuerkataster zum Rechtskataster, ÖZVerm 1953/3-5

Praxmeier, Rund um den österreichischen Grundkataster, in, Festschrift Dolezal, Sonderheft der ÖZVerm 1952

Rassi, Grundbuchsrecht 2010

Rechberger/Bittner/Sadjadi, Grundbuchsrecht[2],2007

Regele, Beiträge zur Geschichte der staatlichen Landesaufnahme und Kartographie in Österreich bis zum Jahre 1918, 1955

Schwarzinger, 100 Jahre Führung des Katasters in *Kloiber/ Schwarzinger*, 100 Jahre Führung des Katasters, 1983

Steudler/Kaufmann, Benchmarking Cadastral Systems, 2002

Twaroch, Grundstücksgrenzen und Kataster, Notariatszeitung 1994, 54

Twaroch, Kataster- und Vermessungsrecht, 2009

Twaroch, Liegenschaft und Recht, 2010

Twaroch, Organisation des Katasters – Ziele, Grundsätze und Praxis, 1998

Twaroch/Muggenhuber, Kataster, in: *Rechberger/Kletecka (Hrsg),* Bodenrecht in Österreich 2004, 123;

Ulbrich, Genauigkeit der Meßtisch-Katastralvermessung in Österreich, ÖZVerm 1961/2, 44

Ulbrich, Zeittafel der österr Katastralvermessung, in: BEV, 150 Jahre österr Grundkataster, 1967

United Nations - Economic Commission for Europe, Land Administration Guidelines, 1996

Zimmermann, Aspekte einer automationsunterstützten Führung der Katastralmappe, ÖZVerm 1982/2

Zimmermann, Die elektronische Datenverarbeitung im Bundesvermessungsdienst, ÖZVerm 1973/2, 45

Stichwortverzeichnis

H

I

J

K

L